数学类本科专业核心课程教材

常微分方程

张春梅　陈桂玲　赵君一郎　编

西南交通大学出版社
·成　都·

图书在版编目（CIP）数据

常微分方程 / 张春梅，陈桂玲，赵君一郎编.
成都 ：西南交通大学出版社，2024. 10. -- ISBN 978-7
-5774-0020-4

Ⅰ. O175.1

中国国家版本馆 CIP 数据核字第 2024LE1751 号

Changweifen Fangcheng

常微分方程

张春梅　陈桂玲　赵君一郎 / 编

策划编辑 / 孟秀芝　何明飞
责任编辑 / 何明飞
封面设计 / GT 工作室

西南交通大学出版社出版发行
（四川省成都市金牛区二环路北一段 111 号西南交通大学创新大厦 21 楼　610031）
营销部电话：028-87600564
网址：http://www.xnjdcbs.com
印刷：四川森林印务有限责任公司

成品尺寸　185 mm × 260 mm
印张　9.75　　字数　242 千
版次　2024 年 10 月第 1 版
印次　2024 年 10 月第 1 次

书号　ISBN 978-7-5774-0020-4
套价　29.80 元

课件咨询电话：028-81435775

前 言

常微分方程理论是研究自然科学和社会科学中事物演化规律的基本数学理论，已经成为现代科学技术中分析问题与解决问题的一个强有力工具，还为多个领域的科学研究提供了关键技术支撑. 常微分方程是数学分析与高等代数的继续，又是进一步学习泛函分析、数理方程、微分方程数值解等后续课程的基础.

本书是在西南交通大学使用多年的常微分方程教学讲义的基础上，参考了国内外多本经典教材编写而成，符合理工科院校常微分方程的教学大纲. 本书共分 6 章：第 1 章介绍几类可用初等积分法求解的一阶微分方程，包括变量分离方程、线性微分方程、恰当方程和隐式方程等；第 2 章介绍一阶微分方程的一般理论，包括用皮卡迭代证明解的存在唯一性、解的延拓、解对初值和参数的依赖性和奇解等；第 3 章介绍线性微分方程组，包括一般理论和常系数线性微分方程组等；第 4 章介绍高阶线性微分方程，包括一般理论、高阶常系数齐次和非齐次线性微分方程、幂级数解法、拉普拉斯变换法和降阶等；第 5 章介绍定性理论初步，包括基本概念、稳定性、V 函数方法、平面奇点和极限环等；第 6 章介绍首次积分及其应用，包括首次积分的定义、性质与存在性和一阶齐次线性偏微分方程等. 前 4 章是微分方程最基本的内容，第 5、6 章可根据具体情况选讲.

本书第 1、2 章由陈桂玲执笔，第 3、4 章由张春梅执笔，第 5、6 章由赵君一郎执笔，书稿完成后经三人多次修改定稿. 由于编者水平有限，书中不当和疏漏之处，恳请广大师生和专家批评指正.

本书的编写得到了西南交通大学一流本科课程建设项目的支持，同时也得到了数学学院领导和西南交通大学出版社的大力支持与帮助，在此我们深表谢意.

张春梅

2024 年 9 月于西南交通大学

目 录

绪　论

方程就是包含未知量的等式，求解方程就是要透过表象去探索事物内在的奥秘．我们已经熟悉的方程包括一般的代数方程及三角函数方程等，如 $x^2-3x+2=0$ ，这些方程的未知量是一个量的某几个特定的值．但在科学技术和实际应用中还会碰到大量的方程，其未知量是一个函数，例如 $F(x,\phi(x))=0,\phi(x^2+1)=2\phi(x)$ ，其中 ϕ 是未知函数．这些方程称为函数方程或泛函方程．其中，那些联系着自变量、未知函数以及未知函数的导数的函数方程称为微分方程，例如

$$\frac{\mathrm{d}^2y}{\mathrm{d}x^2}+b\frac{\mathrm{d}y}{\mathrm{d}x}+cy=f(x)\,, \tag{0.1}$$

$$\frac{\partial^2T}{\partial x^2}=4\frac{\partial T}{\partial t}\,. \tag{0.2}$$

上述第一个方程为常微分方程（ordinary differential equation），其未知函数 $y(x)$ 是关于自变量 x 的一元函数；第二个方程为偏微分方程（partial differential equation），其未知函数 $T(x,t)$ 为关于自变量 x,t 的多元函数．严格地说，常微分方程的一般形式是

$$F(x,y,y',\cdots,y^{(n)})=0\,, \tag{0.3}$$

其中， F 是一个 $n+2$ 元的已知函数，而 $y',\cdots,y^{(n)}$ 是未知函数 $y(x)$ 的一阶直至 n 阶导数．我们称 n 为方程（0.3）的阶，称方程（0.3）为 n 阶常微分方程．本书主要介绍常微分方程的理论、方法和应用．因此当不会引起混淆时，又简称（0.3）为 n 阶微分方程或 n 阶方程．

下面我们通过具体例子来说明如何对一个实际问题建立常微分方程模型．

例 0.1　设质点 B 做自由落体运动，即只考虑重力对落体的作用而忽略空气阻力等其他外力的影响，取坐标轴 y 垂直于地面向上，如图 0.1 所示．因为 $y=y(t)$ 表示 B 在时刻 t 的位置坐标，所以它对 t 的一阶导数 $y'=y'(t)$ 表示 B 在时刻 t 的瞬时速度，其二阶导数 $y''=y''(t)$ 表示B在时刻 t 的瞬时加速度．假设B的质量为 m，重力加速度为 g（一般取为常数 9.80 m/s^2）．由牛顿第二定律得出 $my''=-mg$ 从而得到一个二阶微分方程

$$y''=-g\,. \tag{0.4}$$

例 0.2　考虑一个铅直平面上的单摆在无阻力情况下的自由摆动，摆锤质量为 m，摆臂质量忽略不计，摆臂长度为 l．重力加速度为 g．设在某个时刻 t，摆臂与铅直线的夹角为 $\theta(t)$.

这个夹角的变化单摆运动的规律. 由图 0.2 所示的受力分析表明，摆锤所受的外力（包括重力和摆臂的牵引力）之和为一个相切于单轨迹（一段圆弧）的力 $F=-mg\sin\theta$. 摆锤从铅直状态到当前状态的位移 $x(t)$ 按弧长计算应该等于 $l\theta(t)$. 由牛顿第二定律，$mx''(t)=-mg\sin\theta$. 因而得到 $\theta(t)$ 满足的微分方程

$$\theta''(t)=-\frac{g}{l}\sin\theta. \tag{0.5}$$

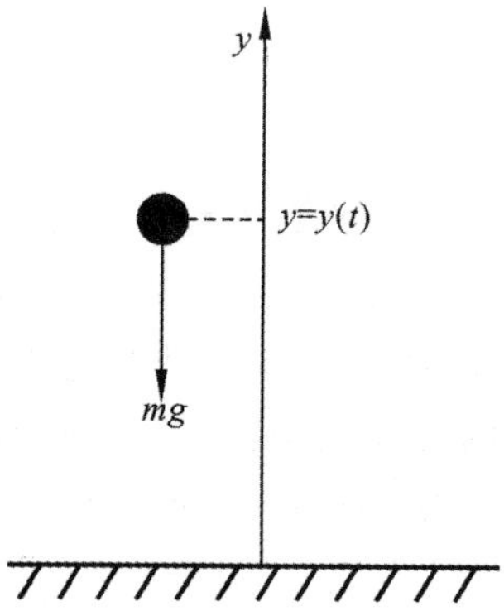

图 0.1　自由落体

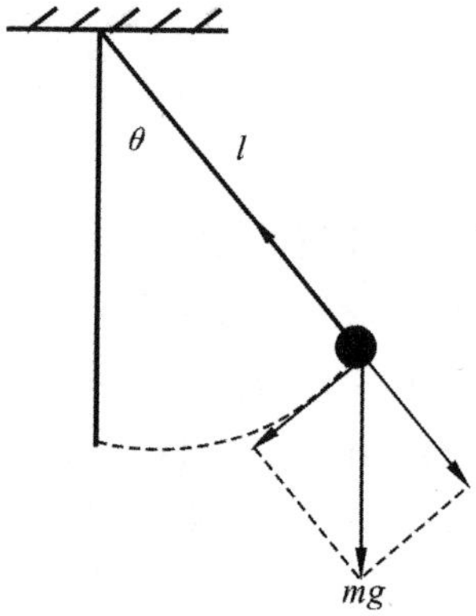

图 0.2　无阻力单摆

对于一般形式的微分方程（0.3）来说，如果函数 $\phi(x)$ 在区间 J 上连续，有直到 n 阶的导数，而且对所有的 $x\in J$，（0.3）恒成立，则称 $\phi(x)$ 为方程（0.3）在区间 J 上的一个解.

在例 0.1 中，我们建立了自由落体的微分方程模型. 为了得出落体的运动规律，需要求解这个二阶微分方程. 在方程（0.4）两侧对 t 积分一次，得

$$y'(t)=-gt+C_1, \tag{0.6}$$

其中，C_1 是一个任意常数. 再把（0.6）两边对 t 积分一次，得

$$y=-\frac{1}{2}gt^2+C_1t+C_2, \tag{0.7}$$

其中，C_2 是另一个任意常数. 易知（0.7）是微分方程（0.4）包含两个独立的任意常数的解. 这样形式的解称为方程（0.4）的通解. 这里“独立”是指这个通解 $y(t,C_1,C_2)$ 及其关于 t 的导数 $y'(t,C_1,C_2)$ 满足

$$\det\frac{\partial(y,y')}{\partial(C_1,C_2)}\neq 0.$$

准确地说，通解（0.7）是一族解. 当任意常数被完全确定时我们也相应获得了一个特定的解，称为特解.

通解（0.7）给出了自由落体的运动规律，它显然包含微分方程（0.4）的无穷多个特解. 这同其他形式的函数方程一样具有多解性. 为了解决这种求解结果的不确定性问题，我们需要对方程（0.4）附加定解条件. 如果我们指明落体运动的初始状态，包括在初始时刻（$t=0$）的位置（高度）y_0 和初速度 v_0，即

$$y(0)=y_0,\quad y'(0)=v_0,\tag{0.8}$$

我们就能从通解（0.7）中确定 $C_2=y_0, C_1=v_0$，从而得到一个唯一适合条件（0.8）的特解

$$y=-\frac{1}{2}gt^2+v_0t+y_0.\tag{0.9}$$

条件（0.8）称为方程（0.4）的初值条件，而附加了初值条件的方程

$$\begin{cases}y''(t)=-g,\\ y(0)=y_0,\ y'(0)=v_0.\end{cases}\tag{0.10}$$

称为初值问题,（0.9）称为初值问题（0.10）的解. 由于柯西（1789—1857）在19世纪20年代首次建立了初值问题解的存在唯一性定理，因此又称初值问题为柯西问题.

可以看出,初值问题(0.10)真正能够确切地反映一个自由落体的运动规律,而方程(0.4)所表达的只是物体自由下落时在任意瞬间 t 所满足的关系式. 事实上,在同一时刻从不同高度和（或）以不同的初速度自由下落的物体将表现为不同的运动.

我们所见到的绝大多数方程并不是都像上述自由落体问题一样可以采用直接积分的办法求解，有的方程很难求出通解的精确形式. 然而我们可以迭代地构造一个函数序列来逼近其初值问题的特解. 例如将初值问题

$$\begin{cases}\phi'(t)=f(t,\phi(t)),\\ \phi(t_0)=x_0.\end{cases}\tag{0.11}$$

用等价积分方程形式

$$\phi(t)=x_0+\int_{t_0}^{t}f(\tau,\phi(\tau))\mathrm{d}\tau,\tag{0.12}$$

表示，我们可以构造函数序列 $\{\phi_n(t)\}$ 来逼近初值问题（0.11）的解. 这个函数序列是利用递推关系

$$\phi_0(t)\equiv x_0,$$

$$\phi_n(t)=x_0+\int_{t_0}^{t}f(\tau,\phi_{n-1}(\tau))\mathrm{d}\tau,\ n=1,2,\cdots$$

来定义的. 在保证了收敛性的情形下，对较大的 n, 函数 $\phi_n(t)$ 就是一个近似解. 这一思想将在第二章中详细阐述.

我们以后将看到，能用初等方法求出精确解的微分方程数量很少. 事实上，有的方程也没有必要非要给出解的精确表达式，通过几何上的分析完全可以获得解的很多重要信息，推断解的某些重要属性，从而使该微分方程问题在一定程度上获得解决.

一阶微分方程

$$\frac{\mathrm{d}x}{\mathrm{d}t}=f(t,x)\tag{0.13}$$

的解 $x=\phi(t)$ 表示 Otx 平面上的一条曲线，称为微分方程的积分曲线，而通解 $x=\phi(t,C)$ 表示平面上的一族曲线，特解 $x_0=\phi(t_0)$ 则为过点 (t_0,x_0) 的一条积分曲线，积分曲线上过每一点的切

线斜率 $\frac{\mathrm{d}x}{\mathrm{d}t}$ 为方程右端 $f(t,x)$ 在该点处的值；反之，如有一条曲线，其上每一点的切线斜率为 $f(t,x)$，则此曲线为积分曲线.

可以用 $f(t,x)$ 在 Otx 平面某区域 D 上定义过各点的切线的斜率方向，这样的区域 D 称为方程（0.13）所定义的方向场，又称为向量场. 可以用方向场定义相应的微分方程（0.13）.

方向场中方向相同的曲线 $f(t,x)=k$ 称为等倾线或等斜线. 可以利用取不同 k 值的等倾线来判别积分曲线的走向.

第 1 章

一阶微分方程的初等解法

微分方程的求解是一个技巧性很高的工作，即使是一阶微分方程的求解也是十分困难的. 牛顿、莱布尼茨、伯努利兄弟和欧拉等数学家对一些特定形式的微分方程给出了精确求解方法. 这些方法是把微分方程的求解问题化成初等函数的积分问题，因此称为初等积分法. 这些方法是最经典、最古老的方法，也是最基本、最重要的方法.

1.1 变量分离方程与变量变换

1.1.1 变量分离方程

形如

$$\frac{\mathrm{d}y}{\mathrm{d}x}=f(x)\varphi(y) \tag{1.1}$$

的一阶微分方程称为**变量分离方程**，这里 $f(x)$, $\varphi(y)$ 分别是关于 x,y 的连续函数.

如果 $\varphi(y)\neq 0$, 我们将方程（1.1）做等式变形得到

$$\frac{\mathrm{d}y}{\varphi(y)}=f(x)\mathrm{d}x\,.$$

两端积分得

$$\varPhi(y)=F(x)+C\,. \tag{1.2}$$

其中，C 是任意常数且

$$\Phi(y)=\int\frac{\mathrm{d}y}{\varphi(y)}, \quad F(x)=\int f(x)\mathrm{d}x .$$

这里我们把不定积分 $\Phi(y)$ 及 $F(x)$ 分别理解为函数 $\dfrac{1}{\varphi(y)}$ 及 $f(x)$ 的某个原函数而把积分常数 C 明确写出来. 如无特别说明，本书以后遇到的不定积分均做这样的解释.

容易看出，式（1.2）就是方程（1.1）的隐式通解.

因式（1.2）不适合 $\varphi(y)=0$ 的情形. 但如果存在 y_0 使得 $\varphi(y_0)=0$, 则直接验证知 $y=y_0$ 也是（1.1）的解. 因此，还必须寻求 $\varphi(y)=0$ 的解 y_0，当 $y=y_0$ 不包括在方程的通解（1.2）中时，必须补上特解 $y=y_0$.

例 1.1 求微分方程

$$\frac{\mathrm{d}y}{\mathrm{d}x}=y\ln x$$

的通解.

解 显然，这是变量分离方程. 当 $y\neq 0$ 时，分离变量，得

$$\frac{\mathrm{d}y}{y}=\ln x\mathrm{d}x ,$$

两边积分，得

$$\int\frac{\mathrm{d}y}{y}=\int\ln x\mathrm{d}x ,$$

积分后得

$$\ln|y|=x\ln x-x+C_1 ,$$

其中，C_1 为任意常数. 从而

$$y=C_2\mathrm{e}^{x\ln x-x} ,$$

这里，$C_2=\pm\mathrm{e}^{C_1}$ 为任意非零常数. 显然，常值函数 $y\equiv 0$ 也是方程的解，故方程的通解为 $y=C\mathrm{e}^{x\ln x-x}$，其中 C 为任意常数.

例 1.2 求微分方程 $x(1+y^2)\mathrm{d}x-(1+x^2)y\mathrm{d}y=0$ 的通解.

解 移项得

$$(1+x^2)y\mathrm{d}y=x(1+y^2)\mathrm{d}x ,$$

这是变量分离方程. 两端同除以 $(1+x^2)(1+y^2)$，分离变量得

$$\frac{y}{1+y^2}\mathrm{d}y=\frac{x}{1+x^2}\mathrm{d}x ,$$

两边积分，得

$$\int \frac{y}{1+y^2}\mathrm{d}y = \int \frac{x}{1+x^2}\mathrm{d}x + C_1 ,$$

积分后，得

$$\frac{1}{2}\ln(1+y^2) = \frac{1}{2}\ln(1+x^2) + C_1 .$$

由于积分后出现了对数函数，为了便于利用对数的运算性质，将上述结果化简，把任意常数 C_1 等价地表示为 $\frac{1}{2}\ln C (C>0)$，于是

$$\frac{1}{2}\ln(1+y^2) = \frac{1}{2}\ln(1+x^2) + \frac{1}{2}\ln C ,$$

化简可得

$$1+y^2 = C(1+x^2)\ (C>0) .$$

这就是所求微分方程的通解.

1.1.2 可化为变量分离方程的类型

这里只介绍两种简单的情形.

1．齐次方程

形如

$$\frac{\mathrm{d}y}{\mathrm{d}x} = g\left(\frac{y}{x}\right) \tag{1.3}$$

的方程，称为**齐次方程，**这里 $g(u)$ 是 u 的连续函数．例如

$$(xy-y^2)\mathrm{d}x - (x^2-2xy)\mathrm{d}y = 0$$

是齐次方程，因为它可化为

$$\frac{\mathrm{d}y}{\mathrm{d}x} = \frac{\frac{y}{x} - \left(\frac{y}{x}\right)^2}{1-2\left(\frac{y}{x}\right)} . \tag{1.4}$$

对于齐次方程 $\frac{\mathrm{d}y}{\mathrm{d}x} = g\left(\frac{y}{x}\right)$，引入新的未知函数 $u=\frac{y}{x}$，就可以把它化为变量分离方程.

因为 $u=\frac{y}{x}$，所以 $y=ux$, $\frac{\mathrm{d}y}{\mathrm{d}x} = x\frac{\mathrm{d}u}{\mathrm{d}x} + u$，代入齐次方程（1.3），得

$$x\frac{\mathrm{d}u}{\mathrm{d}x}+u=g(u). \qquad (1.5)$$

方程（1.5）是一个变量分离方程. 可按变量分离方程的求解方法求解，然后代回原来的变量，便得到方程（1.3）的通解.

例 1.3 试求方程 $(y^2-2xy)\mathrm{d}x=(x^2-2xy)\mathrm{d}y$ 的通解.

解 将方程改写为

$$\frac{\mathrm{d}y}{\mathrm{d}x}=\frac{\left(\frac{y}{x}\right)^2-2\left(\frac{y}{x}\right)}{1-2\left(\frac{y}{x}\right)}.$$

这是一个齐次方程. 做变换 $u=\frac{y}{x}$，代入方程得到

$$u+x\frac{\mathrm{d}u}{\mathrm{d}x}=\frac{u^2-2u}{1-2u},$$

进一步化简，得

$$\frac{1-2u}{3u(u-1)}\mathrm{d}u=\frac{\mathrm{d}x}{x} \quad (u\neq 0,1),$$

两边积分，得

$$\ln\left|\frac{u-1}{u}\right|-2\ln|u-1|=\ln|x|^3+C_1,$$

代回原变量，整理得通解

$$xy(y-x)=C.$$

这里 C 为任意常数. 此外，方程还有解 $y=0$ 及 $y=x$，它们被包含在上述通解中.

2．线性分式形式的微分方程

$$\frac{\mathrm{d}y}{\mathrm{d}x}=f\left(\frac{a_1x+b_1y+c_1}{a_2x+b_2y+c_2}\right) \qquad (1.6)$$

其中，a_1,b_1,c_1,a_2,b_2,c_2 都是给定的常数，方程本身不是齐次方程，但可以通过变量替换化为齐次方程，从而求出它的通解.

（1）当 $c_1=c_2=0$ 时，方程为齐次方程.

（2）当 c_1 和 c_2 不全为零时，可分如下两种情况讨论：

情况Ⅰ：$\Delta=\begin{vmatrix}a_1 & b_1\\ a_2 & b_2\end{vmatrix}=a_1b_2-a_2b_1\neq 0.$

这时，可取常数 h 和 k, 使得

$$\begin{cases} a_1h+b_1k+c_1=0, \\ a_2h+b_2k+c_2=0. \end{cases} \tag{1.7}$$

显然线性方程组（1.7）有唯一的解

$$h=\frac{b_1c_2-c_1b_2}{\Delta}，\quad k=\frac{a_2c_1-a_1c_2}{\Delta}.$$

然后作平移变换

$$x=\xi+h，\quad y=\eta+k，$$

就可将方程（1.6）化为齐次方程

$$\frac{\mathrm{d}\eta}{\mathrm{d}\xi}=f\left(\frac{a_1\xi+b_1\eta}{a_2\xi+b_2\eta}\right),$$

求出该齐次方程的通解后，在通解中以 $x-h$ 代 ξ， $y-k$ 代 η，便得到方程（1.6）的通解.

情况Ⅱ： $\Delta=a_1b_2-a_2b_1=0$.

这时有如下三种可能：

（i） $b_1\neq 0$， $a_1\neq 0$ 且 $\frac{a_2}{a_1}=\frac{b_2}{b_1}=\lambda$，这里 λ 为常数.

方程（1.6）可写成

$$\frac{\mathrm{d}y}{\mathrm{d}x}=f\left(\frac{a_1x+b_1y+c_1}{\lambda(a_1x+b_1y)+c_2}\right).$$

引入新变量 $z=a_1x+b_1y$，可将方程（1.6）化为变量分离的方程

$$\frac{\mathrm{d}z}{\mathrm{d}x}=a_1+b_1f\left(\frac{z+c_1}{\lambda z+c_2}\right).$$

（ii） $b_1\neq 0, a_1=a_2=0$ 或者 $a_1\neq 0, b_1=b_2=0$.

方程（1.6）的形式分别为

$$\frac{\mathrm{d}y}{\mathrm{d}x}=f\left(\frac{b_1y+c_1}{b_2y+c_2}\right),\quad \frac{\mathrm{d}y}{\mathrm{d}x}=f\left(\frac{a_1x+c_1}{a_2x+c_2}\right).$$

它们已经是变量分离的形式了.

（iii） $b_1=a_1=0$.

方程（1.6）的形式为

$$\frac{\mathrm{d}y}{\mathrm{d}x}=f\left(\frac{c_1}{a_2x+b_2y+c_2}\right).$$

引入新变量 $z=a_2x+b_2y$，则方程（1.6）就化为变量分离方程

$$\frac{dz}{dx}=a_2+b_2f\left(\frac{c_1}{z+c_2}\right).$$

因此，通过变量代换总可以将方程（1.6）化为变量分离的方程，从而求出其通解.

例 1.4 求方程

$$\frac{dy}{dx}=\frac{y-x+1}{y+x+5}$$

的通解.

解 这是一个线性分式方程. 首先解方程组

$$\begin{cases}b-a+1=0\\b+a+5=0\end{cases}$$

解得 $a=-2,b=-3$.令 $x=\xi-2,y=\eta-3$,代入方程得

$$\frac{d\eta}{d\xi}=\frac{\eta-\xi}{\eta+\xi},$$

这是齐次方程，做变换 $u=\frac{\eta}{\xi}$，代入上式得

$$\frac{1+u}{1+u^2}du=-\frac{d\xi}{\xi}$$

两边积分，得

$$2\arctan u+\ln(1+u^2)=-2\ln|\xi|+C$$

这里 C 为任意常数. 由于 $u=\frac{\eta}{\xi}$，于是得

$$\ln(\xi^2+\eta^2)=C-2\arctan\frac{\eta}{\xi}.$$

代回原变量，即得原方程的通解为

$$\ln[(x+2)^2+(y+3)^2]+2\arctan\frac{y+3}{x+2}=C.$$

习题 1.1

1. 在方程 $\frac{dy}{dx}=f(x)\varphi(y)$ 中如果没有假设 $\varphi(y)\neq0$，讨论怎么用分离变量法求解微分方程.

2. 试用分离变量法求下列一阶微分方程的解.

（1）$\dfrac{dy}{dx}=y^2\cos x$；

（2）$xy(1+x^2)dy=(1+y^2)dx$；

（3）$\dfrac{dy}{dx}=e^{2y-4x}$；

（4）$\dfrac{dy}{dx}=\dfrac{\sqrt{1-y^2}}{\sqrt{1-x^2}}$

（5）$\dfrac{dy}{dx}=\dfrac{\cos x}{3y^2+e^y}$；

（6）$\dfrac{dy}{dx}=\dfrac{1+y^2}{xy+x^3y}$.

3. 将下列方程化成可分离变量的方程，并求解.

（1）$\dfrac{dy}{dx}=\dfrac{x-y+1}{x+y-3}$；

（2）$\dfrac{dy}{dx}=\dfrac{2x-y+1}{x-2y+1}$；

（3）$y^2+x^2\dfrac{dy}{dx}=xy\dfrac{dy}{dx}$；

（4）$(x^3+y^3)dx-3xy^2dy=0$.

4. 求下列初值问题的解：

（1）$\dfrac{dy}{dx}+y\sin x=0,\ \ y(0)=\dfrac{3}{2}$；

（2）$y^2dx+(x+1)dy=0,\ \ y(0)=1$；

（3）$(1+e^y)\dfrac{dy}{dx}=\cos x,\ \ y\left(\dfrac{\pi}{2}\right)=3$.

5. 证明方程 $\dfrac{x}{y}\dfrac{dy}{dx}=f(xy)$ 经变换 $xy=u$ 可化为变量分离方程，并由此求解下列方程.

（1）$\dfrac{x}{y}\dfrac{dy}{dx}=\dfrac{2+x^2y^2}{2-x^2y^2}$；

（2）$y(1+x^2y^2)dx=xdy$.

1.2 一阶线性微分方程

1.2.1 一阶线性微分方程的解法

一阶线性微分方程

$$\frac{dy}{dx}=P(x)y+Q(x), \tag{1.8}$$

其中，$P(x), Q(x)$ 在考虑的区间上是 x 的连续函数. 当 $Q(x)\equiv 0$ 时，方程（1.8）变为

$$\frac{dy}{dx}=P(x)y, \tag{1.9}$$

方程（1.9）称为**一阶齐次线性微分方程**. 若 $Q(x)\neq 0$，方程（1.8）称为**一阶非齐次线性微分方程**.

我们先求解一阶齐次线性微分方程

$$\frac{dy}{dx}=P(x)y,$$

它是变量分离方程，当 $y\neq 0$ 时，分离变量后得

$$\frac{dy}{y}=P(x)dx,$$

两端积分

$$\int\frac{dy}{y}=\int P(x)dx,$$

得

$$\ln|y|=\int P(x)dx+C_1,$$

从而

$$|y|=e^{\int P(x)dx+C_1}=e^{C_1}e^{\int P(x)dx},$$

即

$$y=Ce^{\int P(x)dx}$$

其中，$C=\pm e^{C_1}$ 是非零的任意常数. 显然 $y=0$ 也是方程（1.9）的解. 故齐次线性微分方程（1.9）的通解为

$$y=Ce^{\int P(x)dx}, \tag{1.10}$$

其中，C 为任意常数.

为了进一步求非齐次线性方程（1.8）的解，我们把方程（1.9）的通解表达式（1.10）中的常数 C 换成 x 的函数 $c(x)$，从而先求形如

$$y=c(x)e^{\int P(x)dx} \tag{1.11}$$

的解，其中 $c(x)$ 看成待定函数. 注意到

$$\frac{dy}{dx}=\frac{dc(x)}{dx}\cdot e^{\int P(x)dx}+c(x)P(x)e^{\int P(x)dx}.$$

将式（1.11）代入方程（1.8）得

$$\frac{dc(x)}{dx}\cdot e^{\int P(x)dx}+c(x)P(x)e^{\int P(x)dx}=P(x)c(x)e^{\int P(x)dx}+Q(x),$$

化简后，得

$$\frac{dc(x)}{dx}=Q(x)e^{-\int P(x)dx}.$$

两端积分，得

$$c(x)=\int Q(x)e^{-\int P(x)dx}dx+C,$$

其中，C 为任意常数. 把上式代入（1.11），便得到方程（1.8）的通解为

$$y=e^{\int P(x)dx}\left(\int Q(x)e^{-\int P(x)dx}dx+C\right). \tag{1.12}$$

将式（1.12）改写成两项之和，即

$$y=Ce^{\int P(x)dx}+e^{\int P(x)dx}\int Q(x)e^{-\int P(x)dx}dx. \tag{1.13}$$

易见，式（1.13）右端第一项是对应齐次线性微分方程（1.9）的通解，第二项是非齐次线性微分方程（1.8）的一个特解. 由此可知，一阶非齐次线性微分方程的通解等于对应齐次线性微分方程的通解与非齐次线性微分方程的一个特解之和. 上述非齐次线性微分方程的求解思想和过程被称为常数变易法. 通解公式（1.13）被称为常数变易公式.

若方程不能化为式（1.8）的形式，可以将 x 看作 y 的函数，再看是否为式（1.8）的形式.

例 1.5 求方程 $\frac{dy}{dx}+y\tan x=\sec x$ 的通解.

解 **解法一** 按常数变易法求解. 原方程对应的齐次线性方程为

$$\frac{dy}{dx}+y\tan x=0.$$

分离变量后，得

$$\frac{dy}{y}=-\tan x dx \quad (y\neq 0)$$

两端积分，得

$$y=C\cos x,$$

这里，C 为任意常数.

设 $y=c(x)\cos x$ 为非齐次线性微分方程的解，于是

$$\frac{\mathrm{d}y}{\mathrm{d}x}=c'(x)\cos x-c(x)\sin x\ ,$$

代入非齐次线性微分方程，得

$$c'(x)=\sec^2 x\ ,$$

两端积分，得

$$c(x)=\tan x+C\ .$$

因此，原方程的通解为

$$y=C\cos x+\sin x\ ,$$

这里，C 为任意常数.

解法二　直接利用通解公式（1.12）求解. 这里

$$P(x)=-\tan x,\ \ Q(x)=\sec x\ ,$$

代入通解公式（1.12），得原方程的通解

$$y=\mathrm{e}^{-\int\tan x\mathrm{d}x}\left(\int\sec x\cdot\mathrm{e}^{\int\tan x\mathrm{d}x}\mathrm{d}x+C\right)=C\cos x+\sin x\ ,$$

其中，C 为任意常数.

例 1.6　求方程 $\frac{\mathrm{d}y}{\mathrm{d}x}=\frac{y}{2y\ln y+y-x}$ 的通解.

解　虽然原方程不是未知函数 y 的线性微分方程，但我们可以将它改写为

$$\frac{\mathrm{d}x}{\mathrm{d}y}=-\frac{x}{y}+1+2\ln y\ ,$$

把 x 看作未知函数，y 看作自变量，这样，对于 x 及 $\frac{\mathrm{d}x}{\mathrm{d}y}$ 来说，这就是一个线性微分方程. 先求出对应齐次线性微分方程

$$\frac{\mathrm{d}x}{\mathrm{d}y}=-\frac{x}{y}$$

的通解为 $x=\frac{C}{y}$.

下面用常数变易法求解. 设 $x=\frac{c(y)}{y}$ 为非齐次线性微分方程的解，代入原方程，得

$$c'(y)=y+2y\ln y\ ,$$

两端积分，得

$$c(y)=C+y^2\ln y\ .$$

从而原方程的通解为

$$x=\frac{C}{y}+y\ln y,$$

这里，C 为任意常数.

1.2.2 伯努利方程的求解

形如

$$\frac{\mathrm{d}y}{\mathrm{d}x}=P(x)y+Q(x)y^{\alpha} \tag{1.14}$$

的方程，称为**伯努利微分方程**. 这里 $P(x),Q(x)$ 为 x 的连续函数，$\alpha\neq 0,1$ 是常数.

利用变量变换可将伯努利微分方程化为线性微分方程. 事实上，对于 $y\neq 0$，用 $y^{-\alpha}$ 乘方程（1.14）两边，得

$$y^{-\alpha}\frac{\mathrm{d}y}{\mathrm{d}x}=y^{1-\alpha}P(x)+Q(x),$$

引入新的未知函数 $z=y^{1-\alpha}$，由

$$\frac{\mathrm{d}z}{\mathrm{d}x}=(1-\alpha)y^{-\alpha}\frac{\mathrm{d}y}{\mathrm{d}x},$$

得

$$\frac{\mathrm{d}z}{\mathrm{d}x}=(1-\alpha)P(x)z+(1-\alpha)Q(x).$$

这是一个关于 z 的线性微分方程. 求出它的通解后，以 $y^{1-\alpha}$ 回代 z，就得到方程（1.14）的通解

$$y^{1-\alpha}=\mathrm{e}^{\int(1-\alpha)P(x)\mathrm{d}x}\int(1-\alpha)Q(x)\mathrm{e}^{-\int(1-\alpha)P(x)\mathrm{d}x}\mathrm{d}x+C\mathrm{e}^{\int(1-\alpha)P(x)\mathrm{d}x},$$

其中，C 为任意常数. 显然 $y=0$ 也为方程（1.14）的解.

例 1.7 求方程 $\frac{\mathrm{d}y}{\mathrm{d}x}+2xy+xy^4=0$ 的通解.

解 这是 $\alpha=4$ 时的伯努利微分方程. 令

$$z=y^{-3},$$

代入原方程，得

$$\frac{\mathrm{d}z}{\mathrm{d}x}=6xz+3x,$$

这是以 z 为未知函数的线性微分方程，求得它的通解为

$$z = Ce^{3x^2} - \frac{1}{2},$$

代回原来的变量 y，得到原方程的通解

$$\frac{1}{y^3} = -\frac{1}{2} + Ce^{3x^2},$$

即

$$y = \left(\frac{1}{-\frac{1}{2} + Ce^{3x^2}}\right)^{\frac{1}{3}}.$$

此外，方程还有解 $y = 0$.

习题 1.2

1. 求下列方程的解：

（1）$\frac{\mathrm{d}x}{\mathrm{d}t} + 3x = e^{2t}$；

（2）$\frac{\mathrm{d}y}{\mathrm{d}x} = y + \sin x$；

（3）$\frac{\mathrm{d}s}{\mathrm{d}t} = -s\cos t + \frac{1}{2}\sin 2t$；

（4）$\frac{\mathrm{d}y}{\mathrm{d}x} = \frac{y}{x + y^3}$；

（5）$x^2\mathrm{d}y + (3xy + x - 4)\mathrm{d}x = 0$；

（6）$y = e^x + \int_0^x y(t)\mathrm{d}t$.

2. 求解下列伯努利方程：

（1）$\frac{\mathrm{d}y}{\mathrm{d}x} + \frac{y}{x} = y^2 \ln x$；

（2）$\frac{\mathrm{d}y}{\mathrm{d}x} - 2xy = 2x^3y^2$；

（3）$\frac{\mathrm{d}y}{\mathrm{d}x} = 6\frac{y}{x} - xy^2$；

（4）$x\frac{\mathrm{d}y}{\mathrm{d}x} - 4y = 2x^2\sqrt{y} \quad (x \neq 0,\ y > 0)$.

3. 设 $y_1(x), y_2(x)$ 是方程

$$\frac{\mathrm{d}y}{\mathrm{d}x} + p(x)y = q(x)$$

的两个互异解. 求证对于该方程的任一解 $y(x)$，成立恒等式

$$\frac{y(x)-y_1(x)}{y_2(x)-y_1(x)}=C,$$

其中，C 是某常数.

4. 试证：

（1）一阶非齐次线性微分方程（1.8）的任两解之差必为相应的齐次线性微分方程（1.9）的解.

（2）方程（1.9）任一解的常数倍或任两解之和（或差）仍是方程（1.9）的解.

（3）若 $y=y(x)$ 是方程（1.9）的非零解，而 $y=\tilde{y}(x)$ 是方程（1.8）的解，则方程（1.8）的通解可表示为 $y=cy(x)+\tilde{y}(x)$, 其中 c 为任意常数.

1.3 恰当微分方程与积分因子

1.3.1 恰当微分方程

将一阶微分方程

$$\frac{\mathrm{d}y}{\mathrm{d}x}=f(x,y)$$

写成微分的形式

$$f(x,y)\mathrm{d}x-\mathrm{d}y=0,$$

或把 x,y 平等看待，写成下面具有对称形式的一阶微分方程

$$M(x,y)\mathrm{d}x+N(x,y)\mathrm{d}y=0, \tag{1.15}$$

这里假设 $M(x,y),N(x,y)$ 在某矩形域内是 x,y 的连续函数，且具有连续的一阶偏导数. 这样的形式有时便于探求方程的通解.

如果方程（1.15）的左端恰好是某个二元函数 $u(x,y)$ 的全微分，即

$$\mathrm{d}u(x,y)=M(x,y)\mathrm{d}x+N(x,y)\mathrm{d}y, \tag{1.16}$$

则称（1.15）为**恰当微分方程**或**全微分方程**.

在这种情况下，

$$u(x,y)=C$$

是恰当微分方程（1.15）的隐式通解，其中 C 为任意常数. 称函数 $u(x,y)$ 为方程（1.15）的首次积分.

事实上，回顾数学分析的知识，如果函数 $u=u(x,y)$ 在点 (x,y) 可微分，则该函数在点 (x,y) 的偏导数 $\dfrac{\partial u}{\partial x}$，$\dfrac{\partial u}{\partial y}$ 一定存在，并且函数 $u=u(x,y)$ 在点 (x,y) 的全微分为

$$\mathrm{d}u=\frac{\partial u}{\partial x}\mathrm{d}x+\frac{\partial u}{\partial y}\mathrm{d}y\,.$$

如果函数 $u=u(x,y)$ 在点 (x,y) 的偏导数 $\dfrac{\partial u}{\partial x}$，$\dfrac{\partial u}{\partial y}$ 连续，则函数 $u=u(x,y)$ 在点 (x,y) 可微分. 当方程（1.15）为恰当微分方程时，从式（1.16）知，

$$\frac{\partial u}{\partial x}=M(x,y),\quad \frac{\partial u}{\partial y}=N(x,y)\,, \tag{1.17}$$

从而方程（1.15）等价于

$$\mathrm{d}u(x,y)=0\,. \tag{1.18}$$

如果 $y=\phi(x)$ 是方程（1.15）的解，则它也是方程（1.18）的解. 因此，$\mathrm{d}u(x,\phi(x))\equiv 0$，即 $u(x,\phi(x))\equiv C$. 这意味着方程（1.15）的解 $y=\phi(x)$ 是由方程 $u(x,y)\equiv C$ 所确定的隐函数.

反之，如果方程 $u(x,y)\equiv C$ 确定一个可微的隐函数 $y=\phi(x)$，则

$$u(x,\phi(x))\equiv C.$$

对 x 求导可得

$$\frac{\partial u}{\partial x}+\frac{\partial u}{\partial y}\frac{\mathrm{d}y}{\mathrm{d}x}=0\,,$$

即 $M(x,y)\mathrm{d}x+N(x,y)\mathrm{d}y=0$. 这意味着由方程 $u(x,y)\equiv C$ 所确定的隐函数 $y=\phi(x)$ 是方程（1.15）的解.

例 1.8 解方程 $(3x^2y^2+y)\mathrm{d}x+(2x^3y+x)\mathrm{d}y=0$.

解 令 L 表示该式左端，重新分组得

$$\begin{aligned}L&=(3x^2y^2\mathrm{d}x+2x^3y\mathrm{d}y)+(y\mathrm{d}x+x\mathrm{d}y)\\&=\mathrm{d}(x^3y^2)+\mathrm{d}(xy)\\&=\mathrm{d}(x^3y^2+xy).\end{aligned}$$

故其通解为

$$x^3y^2+xy=C\,,$$

其中，C 为任意常数.

上述通过观察、分组和利用简单函数 xy 的全微分形式来求解恰当方程的方法虽然重要，但我们希望知道在一般情形下：

（1）如何判断方程（1.15）是否为恰当微分方程？

（2）若方程（1.15）是恰当微分方程，如何寻求它的首次积分 $u(x,y)$？

下面的定理回答了这两个问题.

定理 1.1 若函数 M,N 在某个开的矩形区域 G 内具有连续的一阶偏导数，则方程（1.15）是恰当微分方程的充分必要条件是

$$\frac{\partial M}{\partial y}=\frac{\partial N}{\partial x}. \tag{1.19}$$

如果方程（1.15）为恰当微分方程，则其通解为

$$\int_{x_0}^{x} M(x,y)\mathrm{d}x+\int_{y_0}^{y} N(x_0,y)\mathrm{d}y=C, \tag{1.20}$$

或等价地

$$\int_{x_0}^{x} M(x,y_0)\mathrm{d}x+\int_{y_0}^{y} N(x,y)\mathrm{d}y=C, \tag{1.21}$$

其中，C 是一个任意常数且 (x_0,y_0) 为区域 G 内任意取定的一点.

证明 如果方程（1.i5）是恰当微分方程，则从式（1.16）和式（1.17）知存在函数 $u(x,y)$ 满足式（1.17）. 由 M,N 的连续可微性得

$$\frac{\partial M}{\partial y}=\frac{\partial^2 u}{\partial x\partial y}=\frac{\partial^2 u}{\partial y\partial x}=\frac{\partial N}{\partial x},$$

从而式（1.19）得证.

欲证条件（1.19）的充分性，实质上只要证明（1.20）和（1.21）. 对（1.17）的第一式从 x_0 到 x 积分，得

$$u(x,y)-u(x_0,y)=\int_{x_0}^{x} M(x,y)\mathrm{d}x$$

即

$$u(x,y)=\int_{x_0}^{x} M(x,y)\mathrm{d}x+\xi(y), \tag{1.22}$$

其中，$\xi(y)=u(x_0,y)$ 是某个待定函数. 由于 $u(x,y)$ 满足式（1.17）的第二式，对式（1.22）求导并利用式（1.19）得

$$\begin{aligned} N(x,y)=\frac{\partial u(x,y)}{\partial y}&=\frac{\partial}{\partial y}\int_{x_0}^{x} M(x,y)\mathrm{d}x+\xi'(y)\\ &=\int_{x_0}^{x}\frac{\partial}{\partial x}N(x,y)\mathrm{d}x+\xi'(y)\\ &=N(x,y)-N(x_0,y)+\xi'(y). \end{aligned}$$

从中得到 $\xi'(y)=N(x_0,y)$，从而可以确定 $\xi'(y)$ 的一个原函数

$$\xi(y)=\int_{y_0}^{y} N(x_0,y)\mathrm{d}y.$$

这样就求得了一个满足式（1.17）的函数

$$u(x,y)=\int_{x_0}^{x} M(x,y)\mathrm{d}x+\int_{y_0}^{y} N(x_0,y)\mathrm{d}y.$$

因此式（1.20）得证.

如果上述推理先从式（1.17）的第二式出发，则可以给出$u(x,y)$的另一个表达式（1.21）. 证毕.

例 1.9 求方程$(3x^2+6xy^2)\mathrm{d}x+(6x^2y+4y^3)\mathrm{d}y=0$的通解.

解法一 因为$M(x,y)=3x^2+6xy^2$, $N(x,y)=6x^2y+4y^3$，所以

$$\frac{\partial M}{\partial y}=12xy=\frac{\partial N}{\partial x},$$

这是一个恰当微分方程. 取$x_0=0, y_0=0$，由公式（1.20），

$$u(x,y)=\int_0^x(3x^2+6xy^2)\mathrm{d}x+\int_0^y(0+4y^3)\mathrm{d}y=C,$$

故该方程的通解为

$$x^3+3x^2y^2+y^4=C,$$

这里，C为任意常数.

解法二 原方程可改写为

$$3x^2\mathrm{d}x+4y^3\mathrm{d}y+(6xy^2\mathrm{d}x+6x^2y\mathrm{d}y)=0,$$

即

$$\mathrm{d}(x^3)+\mathrm{d}(y^4)+\mathrm{d}(3x^2y^2)=0,$$

从而有

$$\mathrm{d}(x^3+y^4+3x^2y^2)=0.$$

故该方程的通解为

$$x^3+3x^2y^2+y^4=C,$$

这里，C为任意常数.

往往在判断方程是恰当微分方程后，并不需要按照上述一般方法来求解，而是采取“分项组合”的办法，先把那些本身已构成全微分的项分出，再把剩下的项凑成全微分. 这种方法要求熟记一些简单二元函数的全微分，如

$$\begin{cases} y\mathrm{d}x+x\mathrm{d}y=\mathrm{d}(xy), \\ \dfrac{y\mathrm{d}x-x\mathrm{d}y}{y^2}=\mathrm{d}\left(\dfrac{x}{y}\right), \\ \dfrac{-y\mathrm{d}x+x\mathrm{d}y}{x^2}=\mathrm{d}\left(\dfrac{y}{x}\right), \\ \dfrac{y\mathrm{d}x-x\mathrm{d}y}{xy}=\mathrm{d}\left(\ln\left|\dfrac{x}{y}\right|\right), \\ \dfrac{y\mathrm{d}x-x\mathrm{d}y}{x^2+y^2}=\mathrm{d}\left(\arctan\dfrac{x}{y}\right), \\ \dfrac{y\mathrm{d}x-x\mathrm{d}y}{x^2-y^2}=\dfrac{1}{2}\mathrm{d}\left(\ln\left|\dfrac{x-y}{x+y}\right|\right). \end{cases} \tag{1.23}$$

例 1.10　求解方程

$$\left(\cos x+\frac{1}{y}\right)\mathrm{d}x+\left(\frac{1}{y}-\frac{x}{y^2}\right)\mathrm{d}y=0 .$$

解　因为

$$\frac{\partial M}{\partial y}=-\frac{1}{y^2},\ \frac{\partial N}{\partial x}=-\frac{1}{y^2} ,$$

故方程为恰当微分方程. 把方程重新“分项组合”，得到

$$\cos x\mathrm{d}x+\frac{1}{y}\mathrm{d}y+\left(\frac{1}{y}\mathrm{d}x-\frac{x}{y^2}\mathrm{d}y\right)=0 ,$$

即

$$\mathrm{d}\sin x+\mathrm{d}\ln|y|+\frac{y\mathrm{d}x-x\mathrm{d}y}{y^2}=0 ,$$

或者写成

$$\mathrm{d}\left(\sin x+\ln|y|+\frac{x}{y}\right)=0,$$

于是，方程的通解为

$$\sin x+\ln|y|+\frac{x}{y}=C ,$$

其中，C 为任意常数.

1.3.2　积分因子

有的方程即使是分组也无法看出它是恰当方程. 这时我们会问：是否可以将方程做等式变形从而化成一个恰当方程呢？我们注意到，方程（1.15）同方程

$$\mu(x,y)(M(x,y)\mathrm{d}x+N(x,y)\mathrm{d}y)=0$$

具有某种等价性. 这提示我们去寻找一个合适的因子 $\mu(x,y)$，这就是重要的**积分因子法**.

如果方程（1.15）本身不是恰当方程，但乘上一个适当的非零函数 $\mu=\mu(x,y)$ 后，能使方程

$$\mu(x,y)M(x,y)\mathrm{d}x+\mu(x,y)N(x,y)\mathrm{d}y=0 \tag{1.24}$$

成为恰当方程，即存在函数 $W(x,y)$，使

$$\mathrm{d}W(x,y)=\mu(x,y)M(x,y)\mathrm{d}x+\mu(x,y)N(x,y)\mathrm{d}y ,$$

则称函数 $\mu(x,y)$ 为方程（1.15）的**积分因子**. 这时 $W(x,y)=C$ 是方程（1.24）的通解，因而也必为方程（1.15）的通解.

例如，方程

$$y\mathrm{d}x-x\mathrm{d}y=0 \tag{1.25}$$

不是恰当微分方程，因为

$$M(x,y)=y,\ N(x,y)=-x,\ \frac{\partial M}{\partial y}=1,\ \frac{\partial N}{\partial x}=-1.$$

但若用因子 $\frac{1}{y^2}$ 乘以该方程的两边，则其等价方程满足

$$\mathrm{d}\left(\frac{x}{y}\right)=\frac{y\mathrm{d}x-x\mathrm{d}y}{y^2}=0,$$

显然它是恰当微分方程. 因此 $\frac{1}{y^2}$ 是方程（1.25）的一个积分因子，从而求得了该方程的通解为 $\frac{x}{y}=C$，其中，C 为任意常数.

根据定理 1.1，函数 $\mu(x,y)$ 为方程（1.15）的积分因子的充分必要条件是

$$\frac{\partial(\mu M)}{\partial y}=\frac{\partial(\mu N)}{\partial x},$$

即

$$N\frac{\partial\mu}{\partial x}-M\frac{\partial\mu}{\partial y}=\left(\frac{\partial M}{\partial y}-\frac{\partial N}{\partial x}\right)\mu. \tag{1.26}$$

由一阶线性偏微分方程的理论知方程（1.26）的解存在，这表明形如式（1.15）的微分方程必定存在积分因子. 在一般情况下，由偏微分方程（1.26）求解 μ 比求解方程（1.15）本身更困难. 但是，在某些特殊情况下，求出方程（1.26）的一个特解还是容易的，因此方程（1.26）提供了求方程（1.15）的某些特殊形式的积分因子的方法.

例如，我们可以尝试寻找只依赖于变量 x 的积分因子 $\mu=\mu(x)$. 这时方程（1.26）变为

$$N\frac{\mathrm{d}\mu}{\mathrm{d}x}=\left(\frac{\partial M}{\partial y}-\frac{\partial N}{\partial x}\right)\mu,$$

即

$$\frac{\mathrm{d}\mu}{\mu}=\frac{1}{N}\left(\frac{\partial M}{\partial y}-\frac{\partial N}{\partial x}\right)\mathrm{d}x. \tag{1.27}$$

为了方便起见，记

$$E(x,y)=\frac{\partial M}{\partial y}-\frac{\partial N}{\partial x}, \tag{1.28}$$

并称之为恰当判别式，因为 $E(x,y)=0$ 意味着方程（1.15）为恰当微分方程. 因此，式（1.27）表明，当且仅当 $\frac{E}{N}$ 只依赖于变量 x 而与变量 y 无关时，方程（1.15）存在只依赖于变量 x 的积分因子 $\mu(x)$. 此时，

$$\mu(x)=\exp\left(\int\frac{E}{N}\mathrm{d}x\right). \tag{1.29}$$

类似地，当且仅当 $\frac{E}{M}$ 只依赖于变量 y 而与变量 x 无关时，方程（1.15）存在只依赖于变量 y 的积分因子 $\mu(y)$. 此时，

$$\mu(y)=\exp\left(-\int\frac{E}{M}\mathrm{d}y\right). \tag{1.30}$$

例 1.11 用积分因子法求解线性方程

$$\frac{\mathrm{d}y}{\mathrm{d}x}=P(x)y+Q(x).$$

解 先把方程写成对称形式

$$(P(x)y+Q(x))\mathrm{d}x-\mathrm{d}y=0,$$

因此 $M(x,y)=P(x)y+Q(x),\ N(x,y)=-1$. 易见

$$E=\left(\frac{\partial M}{\partial y}-\frac{\partial N}{\partial x}\right)=P(x),$$

它一般是非零函数，所以方程不是恰当微分方程. 由于 $\frac{E}{N}=-P(x)$ 与 y 无关，因此该方程有只依赖于变量 x 的积分因子

$$\mu(x)=\mathrm{e}^{-\int P(x)\mathrm{d}x}.$$

以 $\mu(x)=\mathrm{e}^{-\int P(x)\mathrm{d}x}$ 乘方程两端，得

$$P(x)\mathrm{e}^{-\int P(x)\mathrm{d}x}y\mathrm{d}x-\mathrm{e}^{-\int P(x)\mathrm{d}x}\mathrm{d}y+Q(x)\mathrm{e}^{-\int P(x)\mathrm{d}x}\mathrm{d}x=0,$$

即

$$y\mathrm{d}\mathrm{e}^{-\int P(x)\mathrm{d}x}+\mathrm{e}^{-\int P(x)\mathrm{d}x}\mathrm{d}y-Q(x)\mathrm{e}^{-\int P(x)\mathrm{d}x}\mathrm{d}x=0,$$

或者写成

$$\mathrm{d}\left(y\mathrm{e}^{-\int P(x)\mathrm{d}x}\right)-Q(x)\mathrm{e}^{-\int P(x)\mathrm{d}x}\mathrm{d}x=0.$$

得到通解为

$$ye^{-\int P(x)\mathrm{d}x}-\int Q(x)e^{-\int P(x)\mathrm{d}x}\mathrm{d}x=C,$$

或者改写为

$$y=e^{\int P(x)\mathrm{d}x}\left(\int Q(x)e^{-\int P(x)\mathrm{d}x}\mathrm{d}x+C\right),$$

其中，C 为任意常数，这与常数变易法通解公式（1.12）相同.

积分因子一般是不容易求的，可以先从求特殊形式的积分因子（如只与 x 或只与 y 有关的积分因子）开始，或者通过观察法进行“分项组合”而求得积分因子. 下面通过例子说明一些简单的积分因子的求法. 运用积分因子解题，需要有一定的技巧，这就要多做练习，从中体会.

例 1.12 求解方程

$$\frac{\mathrm{d}y}{\mathrm{d}x}=-\frac{x}{y}+\sqrt{1+\left(\frac{x}{y}\right)^2}\quad (y>0).$$

解 方程可以改写为

$$x\mathrm{d}x+y\mathrm{d}y=\sqrt{x^2+y^2}\mathrm{d}x,$$

或

$$\frac{1}{2}\mathrm{d}(x^2+y^2)=\sqrt{x^2+y^2}\mathrm{d}x.$$

容易看出，此方程有积分因子 $\mu=\dfrac{1}{\sqrt{x^2+y^2}}$，以 μ 乘之得

$$\frac{\mathrm{d}(x^2+y^2)}{2\sqrt{x^2+y^2}}=\mathrm{d}x,$$

故通解为

$$\sqrt{x^2+y^2}=x+C,$$

或

$$y^2=C(C+2x),$$

这里，C 为任意常数.

例 1.13 求解方程 $y\mathrm{d}x+(y-x)\mathrm{d}y=0$.

解 这里 $M=y,\ N=y-x,\ \dfrac{\partial M}{\partial y}=1,\ \dfrac{\partial N}{\partial x}=-1$，故方程不是恰当微分方程.

解法一 因为

$$\frac{E(x,y)}{-M}=\frac{\dfrac{\partial M}{\partial y}-\dfrac{\partial N}{\partial x}}{-M}=-\frac{2}{y}$$

只与 y 有关，故方程有只与 y 有关的积分因子

$$\mu=\mathrm{e}^{\int\left(-\frac{2}{y}\right)\mathrm{d}y}=\mathrm{e}^{-2\ln|y|}=\frac{1}{y^2}.$$

以 $\mu=\dfrac{1}{y^2}$ 乘方程两边，得到

$$\frac{1}{y}\mathrm{d}x+\frac{1}{y}\mathrm{d}y-\frac{x\mathrm{d}y}{y^2}=0,$$

或者写成

$$\frac{y\mathrm{d}x-x\mathrm{d}y}{y^2}+\frac{\mathrm{d}y}{y}=0.$$

因而通解为

$$\frac{x}{y}+\ln|y|=C,$$

这里，C 为任意常数.

解法二 将方程改写为

$$y\mathrm{d}x-x\mathrm{d}y=-y\mathrm{d}y,$$

由式（1.23）可知，左端有积分因子 $\mu=\dfrac{1}{y^2}$ 或 $\mu=\dfrac{1}{x^2},\cdots$，但考虑到右端只与 y 有关，故取 $\mu=\dfrac{1}{y^2}$ 为方程的积分因子，因此得

$$\frac{y\mathrm{d}x-x\mathrm{d}y}{y^2}=-\frac{1}{y}\mathrm{d}y.$$

从而，通解为 $\dfrac{x}{y}+\ln|y|=C$，这里 C 为任意常数.

顺便指出，这里采用别的求解方程也是十分方便的，如解法三和解法四.

解法三 方程可以写为

$$\frac{\mathrm{d}y}{\mathrm{d}x}=\frac{y}{x-y},$$

这是齐次微分方程，令 $\dfrac{y}{x}=u$，代入得

$$x\frac{\mathrm{d}u}{\mathrm{d}x}+u=\frac{u}{1-u},$$

即

$$\frac{1-u}{u^2}\mathrm{d}u=\frac{\mathrm{d}x}{x}.$$

因此，通解为

$$-\frac{1}{u}-\ln|u|=\ln|x|-C,$$

代回原来的变量，得

$$\frac{x}{y}+\ln|y|=C.$$

这里，C 为任意常数.

解法四 把 x 看作未知函数，y 看作自变量，方程变为线性微分方程

$$\frac{\mathrm{d}x}{\mathrm{d}y}=\frac{x}{y}-1,$$

同样解得通解为

$$\frac{x}{y}+\ln|y|=C.$$

此外，易见 $y=0$ 也是原方程的解.

习题 1.3

1. 验证下列方程是恰当微分方程，并求出方程的解.

（1）$(y-3x^2)\mathrm{d}x-(4y-x)\mathrm{d}y=0$；

（2）$\left(\cos x+\frac{1}{y}\right)\mathrm{d}x+\left(\frac{1}{y}-\frac{x}{y^2}\right)\mathrm{d}y=0$；

（3）$(5x^4+3xy^2-y^3)\mathrm{d}x+(3x^2y-3xy^2+y^2)\mathrm{d}y=0$；

（4）$(x^2+y)\mathrm{d}x+(x+y)\mathrm{d}y=0$；

（5）$\frac{\mathrm{d}y}{\mathrm{d}x}=-\frac{6x+y+2}{x+8y-3}$；

（6）$3y+\mathrm{e}^x+(3x+\cos y)\frac{\mathrm{d}y}{\mathrm{d}x}=0$；

（7）$(x^2+y)\mathrm{d}x+(x-2y)\mathrm{d}y=0$.

2. 求下列初值问题的解.

（1）$4x^3\mathrm{e}^{x+y}+x^4\mathrm{e}^{x+y}+2x+(x^4\mathrm{e}^{x+y}+2y)\frac{\mathrm{d}y}{\mathrm{d}x}=0,\quad y(0)=1$；

（2） $3x^2y+8xy^2+(x^3+8x^2y+12y^2)\dfrac{dy}{dx}=0,\quad y(2)=1$.

3. 试证：齐次方程

$$M(x,y)dx+N(x,y)dy=0$$

当 $xM+yN\neq 0$ 时存在积分因子 $\mu=\dfrac{1}{xM+yN}$.

4. 试用积分因子法解下列方程.

（1） $\dfrac{dy}{dx}=-\dfrac{x}{y}+\sqrt{1+\left(\dfrac{x}{y}\right)^2}\quad (y>0)$；

（2） $ydx+(y-x)dy=0$；

（3） $(x^2+y^2+y)dx-xdy=0$；

（4） $\left(2xy+x^2y+\dfrac{y^3}{3}\right)dx+(x^2+y^2)dy=0$；

（5） $2xy\ln ydx+\left(x^2+y^2\sqrt{1+y^2}\right)dy=0$.

5. 试求伯努利方程

$$\frac{dy}{dx}=a(x)dy+f(x)y^a\quad (a\neq 0,1)$$

的积分因子.

6. 试求变量分离方程 $M(x)N(y)dx+P(x)Q(y)dy=0$ 的积分因子.

7. 试求能使微分方程

$$y^2\sin xdx+yf(x)dy=0$$

成为恰当方程的所有的函数 $f(x)$，并根据所得的 $f(x)$ 求该方程的解.

8. 假设微分方程

$$\frac{dy}{dx}=\tan y-e^x\sec y$$

有形如 $e^{-ax}\cos y$ 的积分因子，试确定其中的常数 a，并求解该方程.

9. 假设方程 $M(x,y)dx+N(x,y)dy=0$ 中的函数 $M(x,y),N(x,y)$ 满足关系

$$\frac{\partial M}{\partial y}-\frac{\partial N}{\partial x}=Nf(x)-Mg(y),$$

其中，$f(x),g(y)$ 分别为 x 和 y 的连续函数，试证明方程 $M(x,y)dx+N(x,y)dy=0$ 有积分因子

$$\mu=\exp\left(\int f(x)dx+\int g(y)dy\right).$$

1.4 隐式方程

实际问题中常会出现导数未显示解出的一阶微分方程，它们不是前面三节所讨论的方程形式，而是本节所要讨论的一阶隐式方程，其一般形式为

$$F\left(x, y, \frac{\mathrm{d}y}{\mathrm{d}x}\right) = 0 . \tag{1.31}$$

求解这类方程的基本思想是，将 $p = \frac{\mathrm{d}y}{\mathrm{d}x}$ 看成独立的变量而考虑由代数方程 $F(x, y, p) = 0$ 所定义的 $\mathbb{R}^3$ 上的曲面的参数化，再通过变量替换的方法把方程（1.31）化为导数已解出的显示方程，然后用前面三节给出的方法求解.

求解一般形式的方程（1.31），其具体做法如下：

第一步 将曲面 $F(x, y, p) = 0$ 表示成参数形式

$$x = \phi(s,t),\ y = \psi(s,t),\ p = \kappa(s,t) . \tag{1.32}$$

第二步 对式（1.32）求 x, y 的微分，用 $p = \frac{\mathrm{d}y}{\mathrm{d}x}$ 给出 $\mathrm{d}y$ 和 $\mathrm{d}x$ 的关系：

$$\mathrm{d}x = \frac{\partial \phi}{\partial s}\mathrm{d}s + \frac{\partial \phi}{\partial t}\mathrm{d}t , \tag{1.33}$$

$$\mathrm{d}y = \frac{\partial \psi}{\partial s}\mathrm{d}s + \frac{\partial \psi}{\partial t}\mathrm{d}t , \tag{1.34}$$

$$\mathrm{d}y = \frac{\mathrm{d}y}{\mathrm{d}x}\mathrm{d}x = \kappa \mathrm{d}x . \tag{1.35}$$

第三步 将式（1.33）、式（1.34）代入式（1.35）得

$$\frac{\partial \psi}{\partial s}\mathrm{d}s + \frac{\partial \psi}{\partial t}\mathrm{d}t = \kappa\left(\frac{\partial \phi}{\partial s}\mathrm{d}s + \frac{\partial \phi}{\partial t}\mathrm{d}t\right).$$

合并得

$$\left(\frac{\partial \psi}{\partial s} - \frac{\partial \phi}{\partial s}\kappa\right)ds + \left(\frac{\partial \psi}{\partial t} - \frac{\partial \phi}{\partial t}\kappa\right)\mathrm{d}t = 0 . \tag{1.36}$$

从而化成了对称形式的微分方程.

第四步 如果用前面三节的方法求得了方程（1.36）的通解 $s = w(t, C)$，则将它代入式（1.32）就得到方程（1.31）的参数形式的解

$$\begin{cases} x = \phi(w(t,C),t), \\ y = \psi(w(t,C),t), \end{cases} \tag{1.37}$$

其中，C 为任意常数. 如果方程（1.36）的通解是另一种形式 $t = w(s, C)$, 我们可得到类似的结果.

下面我们用这一方法讨论方程（1.31）的几类特殊形式.

（1）可解出 y 的方程

$$y = f\left(x, \frac{\mathrm{d}y}{\mathrm{d}x}\right), \tag{1.38}$$

这里函数 f 具有连续的一阶偏导数. 这时曲面 $F(x, y, p) = 0$ 的参数形式可为

$$x = x,\ y = f(x, p),\ p = p\ ,$$

其中， $x, p = \frac{\mathrm{d}y}{\mathrm{d}x}$ 为参数. 由

$$\mathrm{d}y = \frac{\partial f}{\partial x}(x, p)\mathrm{d}x + \frac{\partial f}{\partial p}(x, p)\mathrm{d}p = p\mathrm{d}x\ ,$$

因此得到如下对称形式的方程

$$\left(p - \frac{\partial f}{\partial x}(x, p)\right)\mathrm{d}x - \frac{\partial f}{\partial p}(x, p)\mathrm{d}p = 0.$$

（2）可解出 x 的方程

$$x = f\left(y, \frac{\mathrm{d}y}{\mathrm{d}x}\right), \tag{1.39}$$

这里函数 f 具有连续的一阶偏导数. 类似地，曲面 $F(x, y, p) = 0$ 的参数形式可为

$$x = f(y, p),\ y = y,\ p = p\ ,$$

其中， $y, p = \frac{\mathrm{d}y}{\mathrm{d}x}$ 为参数. 则

$$\mathrm{d}x = \frac{\partial f}{\partial y}(y, p)\mathrm{d}y + \frac{\partial f}{\partial p}(y, p)\mathrm{d}p,\ \mathrm{d}y = \mathrm{d}y,\ \mathrm{d}p = \mathrm{d}p\ ,$$

由

$$p\mathrm{d}x = p\left(\frac{\partial f}{\partial y}(y, p)\mathrm{d}y + \frac{\partial f}{\partial p}(y, p)\mathrm{d}p\right) = \mathrm{d}y\ ,$$

因此得到如下规范形式的一阶微分方程

$$\frac{\mathrm{d}p}{\mathrm{d}y} = \frac{\frac{1}{p} - \frac{\partial f}{\partial y}(y, p)}{\frac{\partial f}{\partial p}(y, p)}.$$

（3）不显含 y 的隐式方程

$$F\left(x, \frac{\mathrm{d}y}{\mathrm{d}x}\right) = 0\ . \tag{1.40}$$

令 $p=\dfrac{\mathrm{d}y}{\mathrm{d}x}$，这时代数方程 $F(x,p)=0$ 代表 Oxp 平面上的一条曲线. 设该曲线有参数表示

$$x=\varphi(s),\ \ p=\psi(s)\ , \tag{1.41}$$

其中，s 为参数. 由微分关系得

$$\mathrm{d}y=p\mathrm{d}x=\psi(s)\mathrm{d}x,\ \ \mathrm{d}x=\varphi'(s)\mathrm{d}s\ ,$$

因此

$$\mathrm{d}y=\psi(s)\varphi'(s)\mathrm{d}s\ ,$$

这是一个变量分离的方程，其通解为

$$y(s)=\int\psi(s)\varphi'(s)\mathrm{d}s+C\ ,$$

其中，C 为任意常数. 由此得方程（1.40）的参数形式的通解为

$$\begin{cases}x=\varphi(s),\\ y=\displaystyle\int\psi(s)\varphi'(s)\mathrm{d}s+C.\end{cases} \tag{1.42}$$

（4）不显含 x 的隐式方程

$$F\left(y,\frac{\mathrm{d}y}{\mathrm{d}x}\right)=0. \tag{1.43}$$

令 $p=\dfrac{\mathrm{d}y}{\mathrm{d}x}$，同样，代数方程 $F(y,p)=0$ 代表 Oyp 平面上的一条曲线，设该曲线有参数表示

$$y=\varphi(s),\ \ p=\psi(s)\ , \tag{1.44}$$

其中，s 为参数. 由微分关系得

$$\mathrm{d}y=\varphi'(s)\mathrm{d}s,\ \ \mathrm{d}y=p\mathrm{d}x=\psi(s)\mathrm{d}x\ ,$$

因此

$$\mathrm{d}x=\frac{\varphi'(s)}{\psi(s)}\mathrm{d}s\ .$$

故方程（1.43）的参数形式的通解为

$$\begin{cases}x=\displaystyle\int\frac{\varphi'(s)}{\psi(s)}\mathrm{d}s+C,\\ y=\varphi(s),\end{cases} \tag{1.45}$$

其中，C 为任意常数.

例 1.14 解方程

$$\left(\frac{\mathrm{d}y}{\mathrm{d}x}\right)^3+2x\frac{\mathrm{d}y}{\mathrm{d}x}-y=0. \tag{1.46}$$

解 令 $p=\frac{\mathrm{d}y}{\mathrm{d}x}$，则方程（1.46）成为

$$y=p^3+2xp. \tag{1.47}$$

对方程（1.47）两边关于 x 求导，得

$$p=3p^2\frac{\mathrm{d}p}{\mathrm{d}x}+2x\frac{\mathrm{d}p}{\mathrm{d}x}+2p,$$

即

$$(3p^2+2x)\mathrm{d}p+p\mathrm{d}x=0, \tag{1.48}$$

当 $p\neq 0$ 时，方程（1.48）有积分因子 $\mu=p$，用 μ 乘式（1.48）的两端，得

$$3p^3\mathrm{d}p+(2xp\mathrm{d}p+p^2\mathrm{d}x)=0.$$

由此求出方程（1.48）的隐式通解：

$$\frac{3p^4}{4}+xp^2=C_1,$$

其中，C_1 为任意常数. 解出 x 得

$$x=\frac{C_1-\frac{3}{4}p^4}{p^2}=\frac{C-3p^4}{4p^2},$$

其中，$C=4C_1$. 从而方程（1.46）的参数形式的解为

$$\begin{cases} x=\dfrac{C-3p^4}{4p^2}, \\ y=p^3+2p\dfrac{C-3p^4}{4p^2}=\dfrac{C-p^4}{2p} \end{cases} \quad (p\neq 0).$$

当 $p=0$ 时，由方程（1.47）可直接推知 $y=0$ 也是方程（1.46）的解.

例 1.15 解方程

$$x^3+\left(\frac{\mathrm{d}y}{\mathrm{d}x}\right)^3-3x\frac{\mathrm{d}y}{\mathrm{d}x}=0.$$

解 令 $p=\frac{\mathrm{d}y}{\mathrm{d}x}=tx$，则由方程得

$$x=\frac{3t}{1+t^3},\ p=\frac{3t^2}{1+t^3},$$

于是

$$dy=\frac{9(1-2t^3)t^2}{(1+t^3)^3}dt,$$

两边积分，可得

$$y=\int\frac{9(1-2t^3)t^2}{(1+t^3)^3}dt=\frac{3(1+4t^3)}{2(1+t^3)^2}+C.$$

因此，方程的参数形式的通解为

$$\begin{cases}x=\dfrac{3t}{1+t^3},\\ y=\dfrac{3(1+4t^3)}{2(1+t^3)^2}+C,\end{cases}$$

其中，C 为任意常数.

习题 1.4

求解下列方程：

（1）$xy'^3=1+y'$；

（2）$y=(y'-1)e^{y'}$；

（3）$(y')^3-x^3(1-y')=0$；

（4）$x^2+(y')^2=1$；

（5）$y^2(y'-1)=(2-y')^2$.

第 2 章

一阶微分方程的一般理论

第 1 章介绍了能用初等积分法求解的一阶微分方程的若干类型，但大量的一阶微分方程一般不能用初等积分法求出它的通解，而实际问题中所需要的往往是要求满足某种初值条件的解（包括数值形式的数值解）. 因此，对初值问题（又称为柯西问题）的研究被提到了重要地位. 接下来将讨论，初值问题的解是否存在，如果存在是否唯一等问题.

2.1 皮卡（Picard）存在唯一性定理

本节考虑微分方程

$$\frac{\mathrm{d}y}{\mathrm{d}x}=f(x,y)\,, \tag{2.1}$$

及相应的初值问题：

$$\frac{\mathrm{d}y}{\mathrm{d}x}=f(x,y),\ \ y(x_0)=y_0\,, \tag{2.2}$$

这里，$f(x,y)$是矩形区域

$$R:\ |x-x_0|\leqslant a,\ \ |y-y_0|\leqslant b$$

上的连续函数.

函数 $f(x,y)$称为在 R 上关于 y 满足利普希茨（Lipschitz）条件，如果存在常数 $L>0$，使得不等式

$$|f(x,y_1)-f(x,y_2)|\leqslant L|y_1-y_2|$$

对所有 $(x,y_1),(x,y_2)\in R$ 都成立，L 称为利普希茨常数. 有如下的皮卡存在唯一性定理：

定理 2.1 如果 $f(x,y)$ 在矩形区域 R 上连续且关于 y 满足利普希茨条件，Lipschitz 常数为 L，则初值问题（2.2）在区间 $[x_0-h,x_0+h]$ 上的解存在且唯一. 这里 $h=\min\left\{a,\dfrac{b}{M}\right\}$，$M=\max\limits_{(x,y)\in R}\left|f(x,y)\right|$.

现在先简单叙述运用逐步逼近法证明定理的主要思想. 首先，证明求微分方程的初值问题的解等价于求积分方程

$$y=y_0+\int_{x_0}^{x}f(\xi,y)\mathrm{d}\xi,$$

的连续解，再证明积分方程的解的存在唯一性.

任取一个连续函数 $\varphi_0(x)$ 代入上面积分方程右端的 y，就得函数

$$\varphi_1(x)=y_0+\int_{x_0}^{x}f(\xi,\varphi_0(\xi))\mathrm{d}\xi,$$

显然，$\varphi_1(x)$ 也是连续函数. 如果 $\varphi_1(x)=\varphi_0(x)$，那么 $\varphi_0(x)$ 就是积分方程的解. 否则，我们又把 $\varphi_1(x)$ 代入积分方程右端的 y，得

$$\varphi_2(x)=y_0+\int_{x_0}^{x}f(\xi,\varphi_1(\xi))\mathrm{d}\xi,$$

如果 $\varphi_2(x)=\varphi_1(x)$，那么 $\varphi_1(x)$ 就是积分方程的解. 否则，我们继续这个步骤. 一般地，作函数

$$\varphi_n(x)=y_0+\int_{x_0}^{x}f(\xi,\varphi_{n-1}(\xi))\mathrm{d}\xi, \tag{2.3}$$

这样就得到连续函数序列

$$\varphi_0(x),\varphi_1(x),\cdots,\varphi_n(x),\cdots$$

如果 $\varphi_{n+1}(x)=\varphi_n(x)$，那么 $\varphi_n(x)$ 就是积分方程的解. 如果始终不发生这种情况，我们可以证明上面的函数序列有一个极限函数 $\varphi(x)$，即

$$\lim_{n\to\infty}\varphi_n(x)=\varphi(x)$$

存在，因而对（2.3）取极限时，就得到

$$\begin{aligned}\lim_{n\to\infty}\varphi_n(x)&=y_0+\lim_{n\to\infty}\int_{x_0}^{x}f(\xi,\varphi_{n-1}(\xi))\mathrm{d}\xi\\&=y_0+\int_{x_0}^{x}\lim_{n\to\infty}f(\xi,\varphi_{n-1}(\xi))\mathrm{d}\xi\\&=y_0+\int_{x_0}^{x}f(\xi,\varphi(\xi))\mathrm{d}\xi,\end{aligned}$$

即

$$\varphi(x)=y_0+\int_{x_0}^{x}f(\xi,\varphi(\xi))\mathrm{d}\xi,$$

这就是说，$\varphi(x)$ 是积分方程的解. 这种一步一步地求出方程的解的方法就称为逐步逼近法. 由式（2.3）确定的函数 $\varphi_n(x)$ 称为初值问题（2.2）的第 n 次近似解. 接下来，采用皮卡逐

步逼近法来证明这个定理.

证明 为了简单起见，关于定理 2.1 的证明只就区间 $x_0 \leqslant x \leqslant x_0 + h$ 进行讨论，同理可对于区间 $x_0 - h \leqslant x \leqslant x_0$ 进行讨论. 证明共分五步完成.

第一步 初值问题（2.2）等价于如下积分方程：

$$y = y_0 + \int_{x_0}^{x} f(x, y)\mathrm{d}x \quad (x_0 \leqslant x \leqslant x_0 + h). \tag{2.4}$$

事实上，设 $y = \varphi(x)$ 是方程（2.1）的解，则有

$$\frac{\mathrm{d}\varphi(x)}{\mathrm{d}x} = f(x, \varphi(x)),$$

两边从 x_0 到 x 取定积分得到

$$\varphi(x) - \varphi(x_0) = \int_{x_0}^{x} f(x, \varphi(x))\mathrm{d}x \quad (x_0 \leqslant x \leqslant x_0 + h),$$

把初值条件 $\varphi(x_0) = y_0$ 代入上式，即有

$$\varphi(x) = y_0 + \int_{x_0}^{x} f(x, \varphi(x))\mathrm{d}x \quad (x_0 \leqslant x \leqslant x_0 + h),$$

因此 $y = \varphi(x)$ 是积分方程（2.4）定义于 $x_0 \leqslant x \leqslant x_0 + h$ 上的连续解.

反之，如果 $y = \varphi(x)$ 是积分方程（2.4）定义于 $x_0 \leqslant x \leqslant x_0 + h$ 上的连续解，则有

$$\varphi(x) = y_0 + \int_{x_0}^{x} f(x, \varphi(x))\mathrm{d}x \quad (x_0 \leqslant x \leqslant x_0 + h), \tag{2.5}$$

两边微分，得到

$$\frac{\mathrm{d}\varphi(x)}{\mathrm{d}x} = f(x, \varphi(x)),$$

再把 $x = x_0$ 代入式（2.5），得

$$\varphi(x_0) = y_0,$$

因此，$y = \varphi(x)$ 是初值问题（2.2）定义于 $x_0 \leqslant x \leqslant x_0 + h$ 上的解.

第二步 构造皮卡迭代序列 $\{\varphi_n(x)\}$，其中 $\varphi_0(x) \equiv y_0$，且

$$\varphi_n(x) = y_0 + \int_{x_0}^{x} f(\xi, \varphi_{n-1}(\xi))\mathrm{d}\xi \quad (n = 1, 2, 3, \cdots), \tag{2.6}$$

这里，$x \in [x_0, x_0 + h]$. 我们用数学归纳法证明对所有的 n，函数 $\varphi_n(x)$ 在区间 $[x_0, x_0 + h]$ 上有定义，连续且满足

$$|\varphi_n(x) - y_0| \leqslant b.$$

事实上，当 $n = 0$ 时，上述结论显然成立. 假设当 $n = k$ 时这一命题成立，那么当 $n = k + 1$ 时，由于 $|\varphi_k(\xi) - y_0| \leqslant b$，故 $f(\xi, \varphi_k(\xi))$ 在区间 $[x_0, x_0 + h]$ 上有定义且连续，从而 $\varphi_{k+1}(x)$ 按式（2.6）定义方式在区间 $[x_0, x_0 + h]$ 上有意义且连续，并且

$$\left|\varphi_{k+1}(x)-y_0\right| \leqslant \int_{x_0}^{x}\left|f(\xi,\varphi_k(\xi))\right|\mathrm{d}\xi \leqslant M(x-x_0) \leqslant Mh \leqslant b .$$

故当 $n=k+1$ 时，命题也成立.

第三步 函数序列 $\{\varphi_n(x)\}$ 在区间 $[x_0,x_0+h]$ 上一致收敛.

为证明这一点，只需证明级数

$$\varphi_0(x)+\sum_{k=1}^{\infty}(\varphi_k(x)-\varphi_{k-1}(x)) , \quad x\in[x_0,x_0+h] .$$

在区间 $[x_0,x_0+h]$ 上一致收敛，因为它的前 n 项之和为 $\varphi_n(x)$. 用数学归纳法容易证明在区间 $[x_0,x_0+h]$ 上成立不等式

$$\left|\varphi_k(x)-\varphi_{k-1}(x)\right| \leqslant \frac{ML^{k-1}}{k!}(x-x_0)^k ,$$

由此，当 $x\in[x_0,x_0+h]$ 时有

$$\left|\varphi_k(x)-\varphi_{k-1}(x)\right| \leqslant \frac{ML^{k-1}}{k!}h^k.$$

用比值判别法容易知道，数值级数

$$\sum_{k=1}^{\infty}\frac{ML^{k-1}}{k!}h^k$$

收敛，因此函数项级数在区间 $[x_0,x_0+h]$ 上一致收敛. 从而函数序列 $\{\varphi_n(x)\}$ 在区间 $[x_0,x_0+h]$ 上一致收敛. 设

$$\lim_{n\to\infty}\varphi_n(x)=\varphi(x) ,$$

则 $\varphi(x)$ 在区间 $[x_0,x_0+h]$ 上有定义，连续且满足不等式

$$\left|\varphi(x)-y_0\right| \leqslant b .$$

第四步 证明 $y(x)=\varphi(x)$ 是积分方程（2.5）的解. 由利普希茨条件得

$$\left|f(x,\varphi_n(x))-f(x,\varphi_{n-1}(x))\right| \leqslant L\left|\varphi_n(x)-\varphi_{n-1}(x)\right| .$$

再由连续函数序列 $\{\varphi_n(x)\}$ 在区间 $[x_0,x_0+h]$ 上一致收敛于连续函数 $\varphi(x)$ 可知，连续函数序列 $\left\{f(x,\varphi_n(x))\right\}$ 在区间 $[x_0,x_0+h]$ 上一致收敛于连续函数 $f(x,\varphi(x))$，由此可得

$$\begin{aligned}\lim_{n\to\infty}\varphi_n(x) &= y_0+\lim_{n\to\infty}\int_{x_0}^{x}f(\xi,\varphi_{n-1}(\xi))\mathrm{d}\xi \\ &= y_0+\int_{x_0}^{x}\lim_{n\to\infty}f(\xi,\varphi_{n-1}(\xi))\mathrm{d}\xi,\end{aligned}$$

即

$$\varphi(x)=y_0+\int_{x_0}^{x}f(\xi,\varphi(\xi))\mathrm{d}\xi .$$

因此 $y(x)=\varphi(x)$ 是积分方程（2.4）的连续解，从而也是初值问题（2.2）在区间 $[x_0,x_0+h]$ 上的连续解.

第五步 证明初值问题（2.2）在区间 $[x_0,x_0+h]$ 上的解唯一. 设 $\varphi(x)$ 和 $\psi(x)$ 均为初值问题（2.2）在区间 $[x_0,x_0+h]$ 上的解，则 $\varphi(x)$ 和 $\psi(x)$ 在区间 $[x_0,x_0+h]$ 上分别满足积分方程

$$\varphi(x)=y_0+\int_{x_0}^{x} f(\xi,\varphi(\xi))\mathrm{d}\xi ,$$

$$\psi(x)=y_0+\int_{x_0}^{x} f(\xi,\psi(\xi))\mathrm{d}\xi .$$

两式相减并由利普希茨条件得

$$\left|\varphi(x)-\psi(x)\right| \leqslant \int_{x_0}^{x}\left|f(\xi,\varphi(\xi))-f(\xi,\psi(\xi))\right|\mathrm{d}\xi \leqslant L\int_{x_0}^{x}\left|\varphi(\xi)-\psi(\xi)\right|\mathrm{d}\xi . \tag{2.7}$$

令 $v(x)$ 表示不等式（2.7）右端的积分，即

$$v(x)=\int_{x_0}^{x}\left|\varphi(\xi)-\psi(\xi)\right|\mathrm{d}\xi ,$$

则 $v(x)$ 在 $[x_0,x_0+h]$ 上连续可微， $v(x)\geqslant 0$ 并满足不等式 $v'(x)\leqslant Lv(x)$ 或等价地

$$\frac{\mathrm{d}}{\mathrm{d}t}(\mathrm{e}^{-L(x-x_0)}v(x))\leqslant 0 .$$

故函数 $\mathrm{e}^{-L(x-x_0)}v(x)$ 在 $[x_0,x_0+h]$ 上单调下降.

因此， $\forall x\in[x_0,x_0+h]$，

$$0\leqslant \mathrm{e}^{-L(x-x_0)}v(x)\leqslant v(x_0)=0 ,$$

从而在 $[x_0,x_0+h]$ 上， $v(x)\equiv 0$，即 $\varphi(x)\equiv\psi(x)$.

综合第一至第五步，我们完成了皮卡存在唯一性定理的证明.

注 2.1 我们还可以利用下面的格朗沃尔（Gronwall）引理来证明第五步.

格朗沃尔引理 设 K 为非负常数， $f(t),g(t)$ 为区间 $[\alpha,\beta]$ 上的非负连续函数，且满足不等式

$$f(t)\leqslant K+\int_{\alpha}^{t} f(s)g(s)\mathrm{d}s,\ t\in[\alpha,\ \beta] ,$$

则

$$f(t)\leqslant K\exp\left(\int_{\alpha}^{t} g(s)\mathrm{d}s\right),\ t\in[\alpha,\ \beta].$$

证明 （1）当 $K>0$ 时，令

$$w(t)=K+\int_{\alpha}^{t} f(s)g(s)\mathrm{d}s ,$$

则 $w'(t)=f(t)g(t)\leqslant g(t)w(t)$. 由 $w(t)>0$ 可得

$$\frac{w'(t)}{w(t)}\leqslant g(t) ,$$

两边从 α 到 t 积分得

$$\ln w(t) - \ln w(\alpha) \leqslant \int_{\alpha}^{t} g(s)\mathrm{d}s ,$$

即

$$\frac{w(t)}{w(\alpha)} \leqslant \exp\left(\int_{\alpha}^{t} g(s)\mathrm{d}s\right),$$

$w(\alpha) = K > 0$，所以

$$w(t) \leqslant K\exp\left(\int_{\alpha}^{t} g(s)\mathrm{d}s\right),$$

即

$$f(t) \leqslant w(t) \leqslant K\exp\left(\int_{\alpha}^{t} g(s)\mathrm{d}s\right),\quad \alpha \leqslant t \leqslant \beta .$$

（2）当 $K = 0$ 时，对任意 $\varepsilon > 0$, 由于 $f(t) \leqslant \int_{\alpha}^{t} f(s)g(s)\mathrm{d}s$ 所以

$$f(t) \leqslant \varepsilon + \int_{\alpha}^{t} f(s)g(s)\mathrm{d}s .$$

由（1），有

$$f(t) \leqslant \varepsilon\exp\left(\int_{\alpha}^{t} g(s)\mathrm{d}s\right).$$

当 $\varepsilon \to 0^{+}$ 时，有 $f(t) \leqslant 0$．因为 $f(t) \geqslant 0$，即得 $f(t) \equiv 0$．从而

$$f(t) \leqslant K\exp\left(\int_{\alpha}^{t} g(s)\mathrm{d}s\right),\quad \alpha \leqslant t \leqslant \beta .$$

由（1），（2）知，不等式 $f(t) \leqslant K\exp\left(\int_{\alpha}^{t} g(s)\mathrm{d}s\right)$，$t \in [\alpha, \beta]$ 成立.

接下来，我们利用格朗沃尔引理来证明第五步.

设 $\varphi(x)$ 和 $\psi(x)$ 均为初值问题（2.2）在区间 $[x_0, x_0 + h]$ 上的解，则有

$$\varphi(x) = y_0 + \int_{x_0}^{x} f(\tau, \varphi(\tau))\mathrm{d}\tau,$$

$$\psi(x) = y_0 + \int_{x_0}^{x} f(\tau, \psi(\tau))\mathrm{d}\tau,$$

于是

$$\begin{aligned} |\varphi(x) - \psi(x)| &\leqslant \int_{x_0}^{x} |f(\tau, \varphi(\tau)) - f(\tau, \psi(\tau))|\mathrm{d}\tau \\ &\leqslant L\int_{x_0}^{x} |\varphi(\tau) - \psi(\tau)|\mathrm{d}\tau, \end{aligned}$$

其中，L 为利普希茨常数. 由格朗沃尔引理得

$$0 \leqslant |\varphi(x) - \psi(x)| \leqslant 0 ,$$

因而有

$$\varphi(x) \equiv \psi(x).$$

注 2.2 皮卡存在唯一性定理中的 h 有明显的几何意义，以 $h=\dfrac{b}{M}$ 为例来说明这一点. 参看图 2.1，定理 2.1 表明初值问题（2.2）的解 $y=\varphi(x)$ 在区间 $[x_0, x_0+h]$ 上存在，由于积分曲线 $y=\varphi(x)$ 的切线斜率介于直线 A_1B_2 的斜率 M 和直线 A_2B_1 的斜率 $-M$ 之间，因此易知，当 $x\in[x_0-h, x_0+h]$ 时积分曲线 $y=\varphi(x)$ 包含在由三角形 A_1PB_1 和三角形 A_2PB_2 形成的区域内，从而也包含在矩形区域 R 内.在定理的证明过程中构造的皮卡迭代序列 $\{\varphi_n(x)\}$ 在区间 $[x_0, x_0+h]$ 上有定义，并且实际上证明了所有的 $\varphi_n(x)$ 都包含在三角形区域 A_2PB_2 内，从而其极限，即初值问题（2.2）的解 $y=\varphi(x)$ 也包含在三角形区域 A_2PB_2 内.

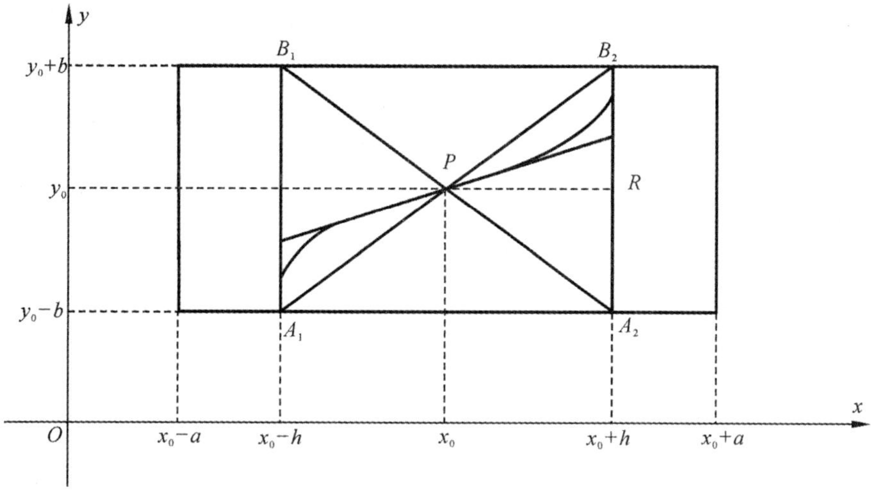

图 2.1 皮卡存在唯一性定理中，h 的几何意义

注 2.3 在实际应用中，利普希茨条件往往难以检验，这时我们常常用 $\dfrac{\partial f}{\partial y}$ 在有界闭区域 R 上存在且连续来代替. 因为若 $\dfrac{\partial f}{\partial y}$ 在 R 上存在连续，则必有界，不妨设

$$L=\max\left\{\left|\frac{\partial f}{\partial y}\right| : (x,y)\in R\right\},$$

由拉格朗日（Lagrange）中值定理，对任意的 $(x,y_1)\in R$ 及 $(x,y_2)\in R$，均存在介于 y_1 及 y_2 之间的数 ξ，使得

$$|f(x,y_1)-f(x,y_2)|=\left|\frac{\partial f(x,\xi)}{\partial y}(y_1-y_2)\right|\leqslant L|y_1-y_2|,$$

因此 $f(x,y)$ 关于 y 满足利普希茨条件.

注 2.4 设方程（2.1）是线性的，即方程为

$$\frac{\mathrm{d}y}{\mathrm{d}x}=P(x)y+Q(x).$$

易知，当 $P(x)$, $Q(x)$ 在区间 $[\alpha,\beta]$ 上为连续时，定理 2.1 的条件就能满足. 不仅如此，这时由任一初值 (x_0,y_0)， $x_0\in[\alpha,\beta]$ 所确定的解在整个区间上都有定义.

事实上，对于一般方程（2.1），由初值所确定的解只能定义在 $|x-x_0|\leqslant h$ 上，这是因为在构造逐步逼近函数序列 $\varphi_n(x)$ 时，要求它不越出原来的矩形区域 R. 而现在，右端函数对 y 没有任何限制，为了证明我们的结论，譬如取 $M=\max\limits_{x\in[\alpha,\beta]}|P(x)y_0+Q(x)|$, 而逐字重复定理的证明过程，即可证明由（2.6）所作出的函数序列 $\{\varphi_n(x)\}$ 在整个区间 $[\alpha,\beta]$ 上都有定义和一致收敛.

注 2.5 皮卡存在唯一性定理不但肯定了解的存在唯一性，而且在证明过程中所采用的逐步逼近法实际上给出了一种求初值问题（2.2）的近似解的方法，因而具有一定的实用价值. 设 $y=\varphi(x)$ 是初值问题（2.2）在区间 $[x_0-h,x_0+h]$ 上的连续解，易证第 n 次近似解 $\varphi_n(x)$ 和真正解 $\varphi(x)$ 在区间 $[x_0-h,x_0+h]$ 上有误差估计

$$|\varphi_n(x)-\varphi(x)|\leqslant\frac{ML^n}{(n+1)!}h^{n+1}. \tag{2.8}$$

我们将这一误差估计的证明留给读者作为习题. 在进行近似计算时，可根据误差要求由这一误差估计确定 n 的值，从而得到所需的逼近函数 $\varphi_n(x)$.

例 2.1 方程 $\frac{\mathrm{d}y}{\mathrm{d}x}=x^2+y^2$ 定义在矩形区域 $R:-1\leqslant x\leqslant1,-1\leqslant y\leqslant1$ 上，试利用解的存在唯一性定理确定经过点 $(0,0)$ 的解的存在区间，并求在此区间上与真正解的误差不超过 0.05 的近似解的表达式.

解 这里 $M=\max\limits_{(x,y)\in\mathbf{R}}|f(x,y)|=2,\ h=\min\left\{a,\frac{b}{M}\right\}=\min\left\{1,\frac{1}{2}\right\}=\frac{1}{2}$，因为

$$\left|\frac{\partial f}{\partial y}\right|=|2y|\leqslant2,$$

故函数 $f(x,y)=x^2+y^2$ 在 R 上的利普希茨常数可取为 $L=2$.

根据式（2.8），得

$$|\varphi_n(x)-\varphi(x)|\leqslant\frac{ML^n}{(n+1)!}h^{n+1}=\frac{M}{L}\frac{1}{(n+1)!}(Lh)^{n+1}=\frac{1}{(n+1)!}<0.05,$$

因而可取 $n=3$. 事实上，

$$\frac{1}{(n+1)!}=\frac{1}{4!}=\frac{1}{24}<\frac{1}{20}=0.05.$$

可以作出如下的近似表达式

$$\varphi_0(x)=0,$$

$$\varphi_1(x)=\int_0^x(\xi^2+\varphi_0^2(\xi))\mathrm{d}\xi=\frac{x^3}{3},$$

$$\varphi_2(x)=\int_0^x(\xi^2+\varphi_1^2(\xi))\mathrm{d}\xi=\frac{x^3}{3}+\frac{x^7}{63},$$

$$\begin{aligned}\varphi_3(x)&=\int_0^x(\xi^2+\varphi_2^2(\xi))\mathrm{d}\xi\\&=\int_0^x\left(\xi^2+\frac{\xi^6}{9}+\frac{2\xi^{10}}{189}+\frac{\xi^{14}}{3969}\right)\mathrm{d}\xi\\&=\frac{x^3}{3}+\frac{x^7}{63}+\frac{2x^{11}}{2079}+\frac{x^{15}}{59535},\end{aligned}$$

$\varphi_3(x)$ 就是所求的近似解. 在区间 $-\frac{1}{2}\leqslant x\leqslant\frac{1}{2}$ 上，这个解与真正解的误差不会超过 0.05.

习题 2.1

1. 试判断方程 $\frac{\mathrm{d}y}{\mathrm{d}x}=x\tan y$ 在如下区域是否满足解的存在唯一性定理的条件：

（1）R_1：$-1\leqslant x\leqslant 1,\ 0\leqslant y\leqslant\pi$；

（2）R_2：$-1\leqslant x\leqslant 1,\ -\frac{\pi}{4}\leqslant y\leqslant\frac{\pi}{4}$.

2. 试用逐次逼近法求方程 $\frac{\mathrm{d}y}{\mathrm{d}x}=x-y^2$ 满足初始条件 $y(0)=0$ 的近似解 $\varphi_3(x)$.

3. 证明解的存在唯一性定理中的第 n 次近似解 $\varphi_n(x)$ 与精确解有如下误差估计式：

$$|\varphi_n(x)-\varphi(x)|\leqslant\frac{ML^n}{(n+1)!}|x-x_0|^{n+1},$$

其中，L 是 $f(x,y)$ 的利普希茨常数，M 是 $|f(x,y)|$ 在 R：$|x-x_0|\leqslant a, |y-y_0|\leqslant b$ 上的上界.

4. 求初值问题

$$\begin{cases}\frac{\mathrm{d}y}{\mathrm{d}x}=x^2-y^2,\ R:|x+1|\leqslant 1,\ \ |y|\leqslant 1,\\ y(-1)=0,\end{cases}$$

的解的存在区间，并求第二次近似解，给出在解的存在区间的误差估计.

5. 假设函数 $f(x,y)$ 于 (x_0,y_0) 的邻域内是 y 的不增函数，试证方程 $\frac{\mathrm{d}y}{\mathrm{d}x}=f(x,y)$ 满足条件 $y(x_0)=y_0$ 的解于 $x\geqslant x_0$ 的一侧最多只有一个.

6. 如果函数 $f(x,y)$ 于带域 $\alpha\leqslant x\leqslant\beta$ 上连续且关于 y 满足利普希茨条件，则方程 $\frac{\mathrm{d}y}{\mathrm{d}x}=f(x,y)$ 满足条件 $y(x_0)=y_0$ 的解于整个区间 $[\alpha,\beta]$ 上存在且唯一. 试证明之.（提示：用逐步逼近法，取 $M=\max\limits_{x\in[\alpha,\beta]}|f(x,y_0)|$.）

7. 设 $f(x)$ 定义于 $-\infty<x<\infty$，满足条件

$$|f(x_1)-f(x_2)|\leqslant N|x_1-x_2|,$$

其中 $N<1$，证明方程 $x=f(x)$ 存在唯一的一个解.（提示：任取 x_0，作逐步逼近点列 $x_{n+1}=f(x_n)(n=0,1,2,\cdots)$，然后证明 x_n 收敛于方程的唯一解）

8. 给定积分方程

$$\varphi(x)=f(x)+\lambda\int_a^b K(x,\xi)\varphi(\xi)\mathrm{d}\xi\ , \tag{*}$$

其中，$f(x)$ 是 $[a,b]$ 上的已知连续函数，$K(x,\xi)$ 是 $a\leqslant x\leqslant b, a\leqslant\xi\leqslant b$ 上的已知连续函数. 证明当 $|\lambda|$ 足够小时（λ 是常数）方程（∗）在 $[a,b]$ 上存在唯一的连续解.（提示：作逐步逼近函数序列

$$\begin{aligned}&\varphi_0(x)=f(x),\\&\varphi_{n+1}(x)=f(x)+\lambda\int_a^b K(x,\xi)\varphi_n(\xi)\mathrm{d}\xi\ (n=0,1,2,\cdots).\end{aligned}$$

2.2 解的延拓

2.1 节中解的存在唯一性定理是局部的，它只肯定了一个初值问题的解的局部存在性，即解在某区间 $[x_0-h,x_0+h]$ 上的存在性，其中决定存在区间大小的数 h 为 $\min\left\{a,\dfrac{b}{M}\right\}$，不难发现 $M=\max\{|f(x,y)|:(x,y)\in R\}$ 越大，h 就越小. 对于这种结果，不管从理论上还是从应用上来看，这都不是令人满意的. 特别地，如果 $f(x,y)$ 在某区域 $G\subseteq R^2$ 上连续，而 G 很大或 $G=\mathbb{R}^2$，对于任意 $(x_0,y_0)\in G$，我们也只能断定初值问题（2.2）在 x_0 的一个很小的邻域 $[x_0-h,x_0+h]$ 上有一个解. 例如考虑初值问题

$$\frac{\mathrm{d}y}{\mathrm{d}x}=x^2+y^2,\ y(0)=0\ ,$$

当定义域为矩形区域

$$R=\{(x,y)\in\mathbb{R}^2:\ |x|\leqslant 1,\ |y|\leqslant 1\}$$

时，$M=2, h=\min\left\{1,\dfrac{1}{2}\right\}=\dfrac{1}{2}$，而当定义区域为矩形区域

$$R=\{(x,y)\in\mathbb{R}^2:\ |x|\leqslant 2,\ |y|\leqslant 2\}$$

时，$M=8, h=\min\left\{2,\dfrac{2}{8}\right\}=\dfrac{1}{4}$. 即随着 $f(x,y)$ 的定义域的增大，由皮卡存在唯一性定理所能确定的解的存在区间反而还缩小了.

自然会产生这样的问题：能否将局部定义在某小区间 $[t_0-h,t_0+h]$ 上的初值问题的解的存在区间尽可能地扩大呢？这就是我们接下来要介绍的解的延拓的概念及解的延拓定理.

假设 $f(x,y)$ 在开区域 G 上连续，且关于 y 满足局部利普希茨条件，即对于区域 G 内的每

一点，有以其为中心的完全含于 G 内的闭矩形区域 R 存在，在 R 上 $f(x,y)$ 关于 y 满足利普希茨条件（对于不同的点，域 R 的大小和常数 L 可能不同）.

设初值问题（2.2）的解 $y=\varphi(x)$ 已定义在区间 $[x_0-h,x_0+h]$ 上，现在取 $x_1=x_0+h$，然后以 (x_1,y_1) 为中心，（这里 (x_1,y_1) 即图 2.2 中的 Q_1 点，$y_1=\varphi(x_0+h)$）作一小矩形，使它连同其边界都含在区域 G 的内部. 再运用 2.1 节中的皮卡存在唯一性定理，知道存在 $h_1>0$，使得在区间 $|x-x_1|\leqslant h_1$ 上，方程（2.1）有过 (x_1,y_1) 的解 $y=\psi(x)$，且在 $x=x_1$ 处有 $\psi(x_1)=\varphi(x_1)$. 由于唯一性，显然当 $x_1-h_1\leqslant x\leqslant x_1$ 时，$\psi(x)=\varphi(x)$. 但是在区间 $x_1\leqslant x\leqslant x_1+h_1$ 上，解 $y=\psi(x)$ 仍有定义，它看成是原来定义在区间 $|x-x_0|\leqslant h$ 上的解 $y=\varphi(x)$ 向右方的延拓，这样，就在区间 $[x_0-h,x_0+h+h_1]$ 上确定了方程的一个解

$$y=\begin{cases}\varphi(x), & x_0-h\leqslant x\leqslant x_0+h,\\ \psi(x), & x_0+h<x\leqslant x_0+h+h_1,\end{cases}$$

即将解延拓到较大的区间 $x_0-h\leqslant x\leqslant x_0+h+h_1$ 上. 再令 $x_2=x_1+h_1$，$y_2=\psi(x_1+h_1)$，如果 $(x_2,y_2)\in G$，又可以取 (x_2,y_2) 为中心，作一小矩形，使它连同其边界都含在区域 G 内. 同前面的方法，又可以将解延拓到更大的区间 $x_0-h\leqslant x\leqslant x_2+h_2=x_0+h+h_1+h_2$ 上，其中 h_2 是某一个正常数. 对于 x 值减小的一边可以同样讨论，使解向左延拓. 用几何语言来说，上述解的延拓，就是在原来积分曲线 $y=\varphi(x)$ 左右两端各接上了一个积分曲线段. 这一延拓过程可以一直进行下去，最后将得到一个解 $y=\tilde{\varphi}(x)$，它已经无法再向左右两端继续延拓了. 这样的解称为初值问题（2.2）的饱和解. 任一饱和解 $y=\tilde{\varphi}(x)$ 的最大存在区间必定是一个开区间 $\alpha<x<\beta$. 因为如果这个区间的右端是闭的，那么 β 便是有限数，且点 $(\beta,\ \tilde{\varphi}(\beta))\in G$. 这样一来，解 $y=\tilde{\varphi}(x)$ 就还能向右方延拓，从而它是非饱和的. 对左端点 α 可同样讨论.

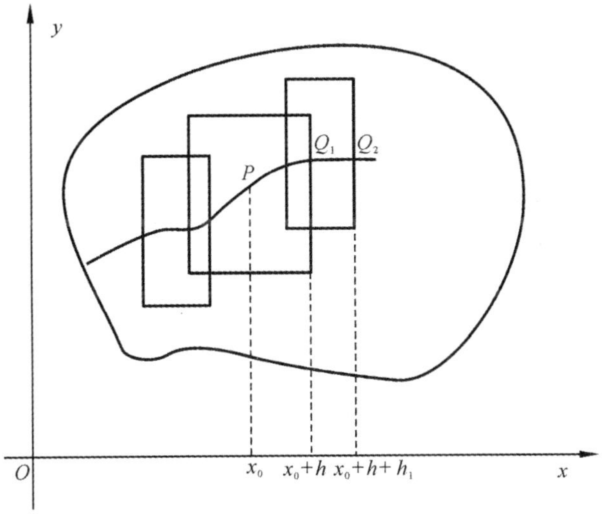

图 2.2　解的延拓

究竟解 $y=\varphi(x)$ 向两边延拓得最终情况如何呢？这一问题可以由下面的解的延拓定理来回答.

现在不加证明地引进下面的定理.

定理 2.2（解的延拓定理） 如果方程（2.1）右端的函数 $f(x,y)$ 在有界区域 G 中连续，且在 G 内关于 y 满足局部利普希茨条件，那么方程（2.1）通过 G 内任意一点 (x_0,y_0) 的解 $y=\varphi(x)$ 可以延拓，直到点 $(x,\varphi(x))$ 任意接近区域 G 的边界. 以向 x 增大的一方的延拓来说，如果 $y=\varphi(x)$ 只能延拓到区间 $x_0 \leqslant x < d$ 上，则当 $x \to d$ 时，$(x,\varphi(x))$ 趋于区域 G 的边界.

推论 2.1 如果 G 是无界区域，在上面解的延拓定理的条件下，方程（2.1）的通过点 (x_0,y_0) 的解 $y=\varphi(x)$ 可以延拓，以向 x 增大的一方的延拓来说，有下面的两种情况：

（1）解 $y=\varphi(x)$ 可以延拓到区间 $[x_0,+\infty)$；

或

（2）解 $y=\varphi(x)$ 只可以延拓到区间 $[x_0,d)$，其中 d 为有限数，则当 $x \to d$ 时，或者 $y=\varphi(x)$ 无界，或者点 $(x,\varphi(x))$ 趋于区域 G 的边界.

例 2.2 考虑初值问题

$$\frac{\mathrm{d}y}{\mathrm{d}x}=1+y^2,\ \ y(0)=0$$

的解的存在区间.

解 初值问题的解为 $y(x)=\tan x$，它的最大存在区间为 $\left(-\dfrac{\pi}{2},\dfrac{\pi}{2}\right)$. 这里方程右端的函数 $1+y^2$ 在整个平面上有定义且连续，而初值问题的解只能延拓到有限区间，不难看出 $y(x)$ 无界，且有

$$\lim_{x\to -\frac{\pi}{2}^{+}} y(x)=-\infty,\qquad \lim_{x\to \frac{\pi}{2}^{-}} y(x)=+\infty .$$

例 2.3 讨论方程 $\dfrac{\mathrm{d}y}{\mathrm{d}x}=1+\ln x$ 满足条件 $y(1)=0$ 的解的存在区间.

解 方程右端函数于右半平面 $x>0$ 上有定义且满足解的延拓定理的条件. 这里区域 G（右半平面）是无界区域，y 轴是它的边界. 容易求得问题的解 $y=x\ln x$，它于区间 $0<x<+\infty$ 上有定义、连续，且当 $x\to 0$ 时 $y\to 0$，即所求问题的解向右方可以延拓到 $+\infty$，但向左方只能延拓到 0，且当 $x\to 0$ 时积分曲线上的点 (x,y) 趋向于区域 G 的边界上的点，这对应于延拓定理推论 2.1 中（2）的第二种情况.

最后指出，应用推论 2.1 的结果不难证明：如果函数 $f(x,y)$ 于整个 Oxy 平面上有定义、连续和有界，同时存在关于 y 的一阶连续偏导数，则方程 $\dfrac{\mathrm{d}y}{\mathrm{d}x}=f(x,y)$ 的任一解均可以延拓到区间 $-\infty<x<+\infty$.

2.3 解对初值和参数的依赖性

前面在讨论解的存在唯一性和解的延拓时，都是把初值 (x_0,y_0) 看成固定的，因此得到的解 φ 只是 x 的函数 $\varphi(x)$. 如果初值发生了改变，则相应的初值问题的解也随之发生改变. 因此，

初值问题的解 φ 不仅依赖于自变量 x，而且还依赖于初值 (x_0, y_0). 如果微分方程还包含某个参数 λ，那么这个解除了依赖于 x，还依赖于初值 x_0, y_0, λ，从而微分方程的解可以看成关于 4 个变量 (x, x_0, y_0, λ) 的函数，记为 $y=\varphi(x; x_0, y_0, \lambda)$. 有必要研究解 $y=\varphi(x; x_0, y_0, \lambda)$ 对参数 (x_0, y_0, λ) 的连续依赖性和可微性. 在实际应用中，关心这样的依赖性，是因为一个初值问题的初始值或参数值往往是由实验测定的，不可避免地会带有误差. 因此，重要的问题就是当初始值或参数值发生微小改变时相应的解如何改变.

更一般地，考虑初值问题

$$\frac{\mathrm{d}y}{\mathrm{d}x}=f(x, y, \lambda), \quad y(x_0)=y_0, \tag{2.9}$$

其中，$y, y_0, \lambda \in \mathbb{R}$. 作平移变换 $\tilde{x}=x-x_0$，$\tilde{y}=y-y_0$，并把新的变量仍记为 x, y，则初值问题（2.9）可化为

$$\frac{\mathrm{d}y}{\mathrm{d}x}=f(x+x_0, y+y_0, \lambda), \ y(0)=0. \tag{2.10}$$

这样，就把初值统一地固定在 $(0,0)$ 处，而把问题化成对参数的依赖性问题. 这里 (x_0, y_0) 被看成同 λ 一样的参数. 因此，对初值的依赖性可归结为对参数的依赖性. 下面讨论初值问题

$$\frac{\mathrm{d}y}{\mathrm{d}x}=f(x, y, \lambda), \ y(0)=0 \tag{2.11}$$

对参数 λ 的依赖性.

定理 2.3 （连续依赖性定理）设 $f: G \subset \mathbb{R}\times\mathbb{R}\times\mathbb{R} \to \mathbb{R}$ 为连续函数，其中

$$G=\{(x, y, \lambda)\in \mathbb{R}\times\mathbb{R}\times\mathbb{R}: \ |x|\leqslant a, |y|\leqslant b, |\lambda-\lambda_0|\leqslant c\},$$

而且 f 对 y 满足利普希茨条件

$$|f(x, y_1, \lambda)-f(x, y_2, \lambda)|\leqslant L|y_1-y_2|,$$

其中，$L\geqslant 0$ 是常数. 则初值问题（2.11）的解 $\varphi(x, \lambda)$ 在区域

$$D=\{(x, \lambda)\in \mathbb{R}\times\mathbb{R}: \ |x|\leqslant h, \ |\lambda-\lambda_0|\leqslant c\}$$

上连续，其中 $h=\min\left\{a, \dfrac{b}{M}\right\}$，$M=\max\{|f(x, y, \lambda)|: \ (x, y, \lambda)\in G\}$.

证明 证明过程与第一节的皮卡存在唯一性定理证明类似，只是增加皮卡序列对参数 λ 的连续性. 因此只给出证明梗概.

第一步 初值问题（2.11）等价于积分方程

$$y(x)=\int_0^x f(\tau, y(\tau), \lambda)\mathrm{d}\tau.$$

第二步 用等价积分方程构造 Picard 序列 $\{\varphi_k(x, \lambda)\}$，其中 $\varphi_0(x, \lambda)\equiv 0$，且

$$\varphi_{k+1}(x, \lambda):=\int_0^x f(\tau, \varphi_k(\tau, \lambda), \lambda)\mathrm{d}\tau, \tag{2.12}$$

这里 $(x,\lambda)\in D$. 归纳地证明 $\varphi_k(x,\lambda)$ 对 $(x,\lambda)\in D$ 连续.

第三步 归纳地证明

$$|\varphi_k(x,\lambda)-\varphi_{k-1}(x,\lambda)|\leqslant\frac{ML^{k-1}}{k!}|x|^k,$$

从而，序列 $\{\varphi_k(x,\lambda)\}$ 对 $(x,\lambda)\in D$ 一致地收敛.

第四步 令 $\lim\limits_{k\to\infty}\varphi_k(x,\lambda)=\varphi(x,\lambda)$.

可以验证 φ 是初值问题（2.11）的解. 根据第三步证明的收敛一致性，φ 对 $(x,\lambda)\in D$ 连续.

第五步 类似第一节的皮卡存在唯一性定理可以证明 φ 的唯一性. 从而证明了定理 2.3.

相应于局部存在的解在某个区间上的整体延拓，还有以下结果. 这里只叙述方程的解关于初值的依赖性，读者可自己考虑解关于参数的依赖性.

定理 2.4 （整体连续依赖性定理） 设 $f:G\subset\mathbb{R}\times\mathbb{R}\to\mathbb{R}$ 为连续函数，其中 G 为 $\mathbb{R}\times\mathbb{R}$ 上一个开区域，f 对 y 满足局部利普希茨条件，即 $\forall P\in G$, 存在以 P 为中心的矩形邻域 $\Omega(P)\subset G$，使得 f 在 $\Omega(P)$ 上对 y 是利普希茨的. 设 $y=\xi(x)$ 是微分方程 $\frac{\mathrm{d}y}{\mathrm{d}x}=f(x,y)$ 的一个解，它至少在区间 $[a,b]$ 上存在. 则存在常数 $\delta>0$，当初值点 (x_0,y_0) 满足条件

$$a\leqslant x_0\leqslant b,\quad |y_0-\xi(x_0)|\leqslant\delta$$

时，方程 $\frac{dy}{dx}=f(x,y)$ 满足初值条件 $y(x_0)=y_0$ 的解 $\varphi(x;x_0,y_0)$ 至少也在 $[a,b]$ 上存在，且在区域

$$D_\delta=\{(x,x_0,y_0)\in\mathbb{R}\times\mathbb{R}\times\mathbb{R}:x,x_0\in[a,b],|y_0-\xi(x_0)|\leqslant\delta\}$$

上对 (x,x_0,y_0) 连续.

证明 仍采用皮卡逼近序列来证明，但与定理 2.4 有所不同.

第一步（利普希茨常数的一致化） 由于积分曲线段

$$\Gamma:=\{(x,y):y=\xi(x),\ a\leqslant x\leqslant b\}$$

是 G 内的有界闭集，用有限覆盖定理，可以找到覆盖 Γ 的有限个小的开矩形邻域 $B(p_j)$（其中 $j=1,2,\cdots,m$），而在每个这样的邻域 $B(p_j)$ 上相应 Lipschitz 常数 $L_j>0$. 在这有限个小邻域中可以比较出一个最小的“半径”（或相交部分的“半径”）$d>0$. 因此存在 Γ 的“管状”邻域（见图 2.3）

$$\Sigma_d:=\{(x,y)\in G:a\leqslant x\leqslant b,|y-\xi(x)|\leqslant d\}$$

使得 f 在 Σ_d 上是（整体地）利普希茨的，并且有利普希茨常数

$$L:=\max\{L_1,L_2,\cdots,L_m\},$$

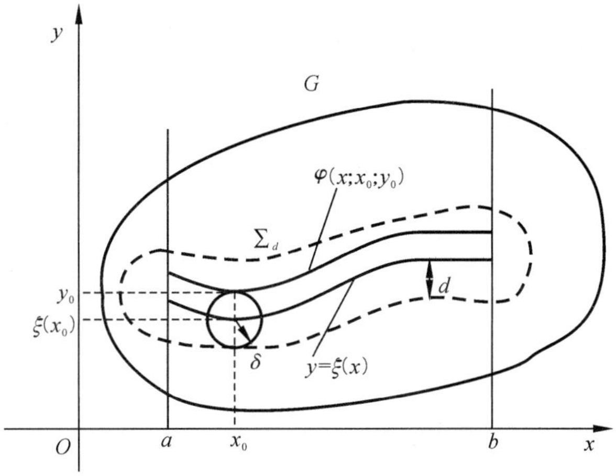

图 2.3　解关于初值的整体连续依赖性

第二步　用等价积分方程构造“管状”邻域 Σ_d 上的皮卡序列 $\{\varphi_k(x;x_0,y_0)\}$，其中 $\varphi_0(x;x_0,y_0)=y_0+\xi(x)-\xi(x_0)$，且

$$\varphi_{k+1}(x;x_0,y_0)=y_0+\int_{x_0}^{x} f(\tau,\varphi_k(\tau;x_0,y_0))\mathrm{d}\tau .$$

第三步　取 $\delta=\frac{1}{2}\mathrm{e}^{-L(b-a)}d$，显然 $0<\delta<d$. 在区域 D_δ 上归纳地证明

$$|\varphi_k(x;x_0,y_0)-\xi(x)|<d , \tag{2.13}$$

$$|\varphi_{k+1}(x;x_0,y_0)-\varphi_k(x;x_0,y_0)|\leqslant\frac{(L|x-x_0|)^{k+1}}{(k+1)!}|y_0-\xi(x_0)|,\ k=0,1,2,\cdots \tag{2.14}$$

式（2.13）保证皮卡序列的函数图像仍留在管状邻域内.

事实上，对 $k=0,\ \left|\varphi_0(x;x_0,y_0)-\xi(x)\right|=\left|y_0-\xi(x_0)\right|\leqslant\delta<d$，

$$\begin{aligned}&\left|\varphi_1(x;x_0,y_0)-\varphi_0(x;x_0,y_0)\right|\\=&\left|\int_{x_0}^{x} f(\tau,\varphi_0(\tau;x_0,y_0))\mathrm{d}\tau-\xi(x)+\xi(x_0)\right|\\=&\left|\int_{x_0}^{x} f(\tau,\varphi_0(\tau;x_0,y_0))\mathrm{d}\tau-\int_{x_0}^{x} f(\tau,\xi(\tau))\mathrm{d}\tau\right|\\\leqslant& L\left|\int_{x_0}^{x}\left|\varphi_0(\tau;x_0,y_0)-\xi(\tau)\right|\mathrm{d}\tau\right|=L\left|y_0-\xi(x_0)\right|\left|x-x_0\right|.\end{aligned}$$

因此，当 $k=0$ 时式（2.13）和式（2.14）成立.

现假设对 $k\leqslant s-1$，要证的式（2.13）和式（2.14）成立，则当 $k=s$ 时，由关于式（2.14）的归纳假设得

$$|\varphi_s(x;x_0,y_0)-\xi(x)|=\left|\sum_{k=1}^{s}[\varphi_k-\varphi_{k-1}]+[\varphi_0-\xi(x)]\right|$$

$$\leqslant\sum_{k=1}^{s}\frac{\left(L(x-x_0)\right)^k}{k!}|y_0-\xi(x_0)|+|y_0-\xi(x_0)|$$

$$\leqslant \mathrm{e}^{L|x-x_0|}\delta\leqslant \mathrm{e}^{L(b-a)}\delta<d\ .$$

即归纳地证得式（2.13）. 对式（2.14），当 $k=s$ 的归纳证明同理利用利普希茨条件来完成.

第四步 由第三步可知，构造的函数序列是一致收敛的. 令

$$\lim_{k\to\infty}\varphi_k(x;x_0,y_0)=\varphi(x;x_0,y_0).$$

可以验证 φ 是方程 $\frac{\mathrm{d}y}{\mathrm{d}x}=f(x,y)$ 满足初值条件 $y(x_0)=y_0$ 的解. 根据第三步证明的一致收敛性，φ 对 $(x,x_0,y_0)\in D_\delta$ 连续. 类似地可以证明 φ 的唯一性，从而定理 2.4 证毕.

下面我们继续讨论解对初值和参数的连续可微性. 我们有如下定理：

定理 2.5（C^1 依赖性定理） 设 G 定义同定理 2.3，$f:G\to\mathbb{R}^n$ 为连续函数，且对 y,λ 有连续偏导数.则初值问题（2.11）的解 $\varphi(x,\lambda)$ 在区域

$$D=\{(x,\lambda)\in\mathbb{R}\times\mathbb{R}:|x\leqslant h,|\lambda-\lambda_0|\leqslant c\}$$

上是连续可微的，其中 h,M 的定义同定理 2.3.

证明 同定理 2.3 的证明类似，采用下列步骤：

第一步 初值问题（2.11）等价于积分方程

$$y(x)=\int_0^x f(\tau,y(\tau),\lambda)\mathrm{d}\tau\ ,$$

构造皮卡序列 $\{\varphi_k(x,\lambda)\}$，其中 $\varphi_0(x,\lambda)\equiv 0$，且

$$\varphi_{k+1}(x,\lambda):=\int_0^t f(\tau,\varphi_k(\tau,\lambda),\lambda)\mathrm{d}\tau\ ,$$

其中，$(x,\lambda)\in D$.

第二步 由 $f(x,y,\lambda)$ 对 y,λ 有连续偏导数及区域 G 是有界闭集，类似定理 2.4 证明的第一步，可以证明 $f(x,y,\lambda)$ 在 G 上对 y,λ 是利普希茨的. 根据定理 2.3，序列 $\{\varphi_k(x,\lambda)\}$ 对 $(x,\lambda)\in D$ 一致地收敛. 进而，

$$\varphi(x,\lambda):=\lim_{k\to\infty}\varphi_k(x,\lambda)$$

是初值问题（2.11）的唯一解并且是一个连续函数.

第三步 欲证 $\varphi(x,\lambda)$ 对 λ 有连续偏导数，只需要补充证明序列 $\left\{\frac{\partial\varphi_k}{\partial\lambda}\right\}$ 一致收敛. 由式（2.12）可以归纳地证明：$\varphi_k(x,\lambda)$ 对 $(x,\lambda)\in D$ 连续可微且满足

$$\frac{\partial\varphi_{k+1}}{\partial\lambda}=\int_0^x\left[\frac{\partial f}{\partial y}(\tau,\varphi_k,\lambda)\frac{\partial\varphi_k}{\partial\lambda}+\frac{\partial f}{\partial\lambda}(\tau,\varphi_k,\lambda)\right]\mathrm{d}\tau\ . \qquad (2.15)$$

由柯西收敛基本定理，只需要证明，对任意给定的 $s=1,2,\cdots$ 如下定义的序列

$$v_{k,s}:=\left|\frac{\partial\varphi_{k+s}}{\partial\lambda}-\frac{\partial\varphi_k}{\partial\lambda}\right|, \tag{2.16}$$

当 $k\to\infty$ 时，对 $(x,\lambda)\in D$ 一致地趋于 0.

第四步　由于 G 是有界闭集且 $\frac{\partial f}{\partial\lambda},\frac{\partial f}{\partial y}$ 连续，故存在常数 $M_1>0$，使得在 G 内

$$\left|\frac{\partial f}{\partial\lambda}\right|\leqslant M_1,\quad \left|\frac{\partial f}{\partial y}\right|\leqslant M_1. \tag{2.17}$$

注意到

$$\left|\frac{\partial\varphi_1}{\partial\lambda}\right|\leqslant\left|\int_0^x\left[\left|\frac{\partial f}{\partial x}\right|\left|\frac{\partial\varphi_0}{\partial\lambda}\right|+\left|\frac{\partial f}{\partial\lambda}\right|\right]\mathrm{d}\tau\right|\leqslant M_1|x|.$$

可归纳地证明

$$\left|\frac{\partial\varphi_k}{\partial\lambda}\right|\leqslant M_1|x|+\frac{(M_1|x|)^2}{2!}+\cdots+\frac{(M_1|x|)^k}{k!}.$$

因此

$$\left|\frac{\partial\varphi_k}{\partial\lambda}\right|\leqslant\beta:=e^{M_1h},\quad k=1,2,\cdots \tag{2.18}$$

其中 $(x,\lambda)\in D$，即 $|x|\leqslant h$.

进一步，利用式（2.15）和式（2.16）得

$$\begin{aligned}v_{k+1,s}\leqslant&\left|\int_0^x\left[\frac{\partial}{\partial y}f(\tau,\varphi_{k+s},\lambda)\frac{\partial\varphi_{k+s}}{\partial\lambda}-\frac{\partial}{\partial y}f(\tau,\varphi_k,\lambda)\frac{\partial\varphi_k}{\partial\lambda}\right]\mathrm{d}\tau\right|+\\&\left|\int_0^x\left[\frac{\partial}{\partial\lambda}f(\tau,\varphi_{k+s},\lambda)-\frac{\partial}{\partial\lambda}f(\tau,\varphi_k,\lambda)\right]\mathrm{d}\tau\right|\\\leqslant&\left|\int_0^x\left|\frac{\partial}{\partial y}f(\tau,\varphi,\lambda)\right|v_{k,s}\mathrm{d}\tau\right|+d_{k,s}(x,\lambda),\end{aligned} \tag{2.19}$$

其中

$$\begin{aligned}d_{k,s}(x,\lambda):=&\left|\int_0^x\left[\frac{\partial}{\partial y}f(\tau,\varphi_{k+s},\lambda)-\frac{\partial}{\partial y}f(\tau,\varphi_k,\lambda)\right]\frac{\partial\varphi_{k+s}}{\partial\lambda}\mathrm{d}\tau\right|+\\&\left|\int_0^x\left[\frac{\partial}{\partial y}f(\tau,\varphi,\lambda)-\frac{\partial}{\partial y}f(\tau,\varphi_k,\lambda)\right]\frac{\partial\varphi_k}{\partial\lambda}\mathrm{d}\tau\right|+\\&\left|\int_0^x\left[\frac{\partial}{\partial\lambda}f(\tau,\varphi_{k+s},\lambda)-\frac{\partial}{\partial\lambda}f(\tau,\varphi_k,\lambda)\right]\mathrm{d}\tau\right|.\end{aligned}$$

注意到 φ 和 $\{\varphi_k\}$ 的极限，而且 $\frac{\partial f}{\partial \lambda},\frac{\partial f}{\partial y}$ 连续，故

$$\lim_{k\to\infty} d_{k,s}(x,\lambda)=0$$

对 $(x,\lambda)\in D$ 和 $s=1,2,\cdots$ 一致地成立．从而存在序列 $\{\varepsilon_k\}$，使得 $\varepsilon_k>0$，$\varepsilon_k\to 0\ (k\to\infty)$，而且

$$v_{k+1,s}\leqslant M_1\left|\int_0^x v_{k,s}\mathrm{d}\tau\right|+\varepsilon_k\ , \tag{2.20}$$

这里利用了式（2.19）．由于 $v_{k,s}(x,\lambda)$ 连续而且非负，由式（2.18）知，$v_{k,s}\leqslant 2\beta$．利用式（2.20）得

$$v_{k+1,s}\leqslant 2\beta M_1|x|+\varepsilon_k\,.$$

归纳地可以证明

$$v_{k+m,s}\leqslant 2\beta\frac{(M_1|x|)^m}{m!}+\sum_{j=0}^{m-1}\varepsilon_{k+m-1-j}\frac{(M_1|x|)^j}{j!}\,. \tag{2.21}$$

令 $E_k:=\sup\{\varepsilon_k,\varepsilon_{k+1},\cdots\}$．显然 $\{E_k\}$ 是一个单调递减的序列且趋于 0．因此从式（2.21）知

$$v_{k+m,s}\leqslant 2\beta\frac{(M_1|x|)^m}{m!}+\mathrm{e}^{M_1h}E_k\,. \tag{2.22}$$

易见式（2.22）右端两项分别当 $m\to\infty$ 和 $k\to\infty$ 时趋于 0．从而对任给的 $\varepsilon>0$，存在正整数 N，使得当 $m>N/2,k>N/2$ 时，$v_{k+m,s}\leqslant\varepsilon/2+\varepsilon/2=\varepsilon$，即当 $k>N$ 时，$v_{k,s}<\varepsilon$，即当 $k\to\infty$ 时 $\{v_{k,s}\}$ 一致趋于 0．从而满足了第三步的要求．

第五步 由上可知，$\frac{\partial\varphi_k}{\partial\lambda}$ 一致收敛并且

$$\lim_{k\to\infty}\frac{\partial\varphi_k}{\partial\lambda}=\frac{\partial\varphi}{\partial\lambda}\ ,$$

即 φ 对 λ 有连续偏导数．对等价积分方程求导得到

$$\frac{\mathrm{d}}{\mathrm{d}x}\varphi(x,\lambda)=f(x,\varphi,\lambda)\ ,$$

它在 D 上是连续的．因此 φ 对 $(x,\lambda)\in D$ 连续可微．从而证明了定理 2.5．

推论 2.2 $z:=\frac{\partial\varphi}{\partial x_0}$ 满足初值问题

$$\frac{\mathrm{d}z}{\mathrm{d}x}=\left(\frac{\partial}{\partial y}f(x,\varphi,\lambda)\right)z,\qquad z(x_0)=-f(x_0,y_0,\lambda)\,. \tag{2.23}$$

$z:=\frac{\partial\varphi}{\partial y_0}$ 满足初值问题

$$\frac{\mathrm{d}z}{\mathrm{d}x}=\left(\frac{\partial}{\partial y}f(x,\varphi,\lambda)\right)z,\qquad z(x_0)=1. \tag{2.24}$$

$z:=\dfrac{\partial\varphi}{\partial\lambda}$满足初值问题

$$\frac{\mathrm{d}z}{\mathrm{d}x}=\left(\frac{\partial}{\partial y}f(x,\varphi,\lambda)\right)z+\frac{\partial}{\partial\lambda}f(x,\varphi,\lambda),\qquad z(x_0)=0. \tag{2.25}$$

上述三个线性方程（2.23）、（2.24）、（2.25）称为初值问题（2.9）分别关于 x_0,y_0,λ 的线性变分方程. 证明是利用初值问题（2.9）的等价积分方程来对 x_0,y_0,λ 作相应的求导.

例 2.4 设 $x=\varphi(t;t_0,x_0,\mu)$ 是如下带参数 μ 的初值问题:

$$\frac{\mathrm{d}x}{\mathrm{d}t}=\cos(\mu tx),\ \ x(t_0)=x_0$$

的解，求解初值问题

$$\frac{\mathrm{d}z}{\mathrm{d}t}=-\mu tz\sin(\mu t\varphi),\ \ z(t_0)=-\cos(\mu t_0x_0),$$

得

$$\frac{\partial\varphi}{\partial t_0}=-\cos(\mu t_0x_0)\exp\left(-\mu\int_{t_0}^{t}\tau\sin(\mu\tau\varphi(\tau;t_0,x_0,\mu))\mathrm{d}\tau\right).$$

求解初值问题

$$\frac{\mathrm{d}z}{\mathrm{d}t}=-\mu tz\sin(\mu t\varphi),\ \ z(t_0)=1,$$

得

$$\frac{\partial\varphi}{\partial x_0}=\exp\left(-\mu\int_{t_0}^{t}\tau\sin(\mu\tau\varphi(\tau;t_0,x_0,\mu))\mathrm{d}\tau\right).$$

求解初值问题

$$\frac{\mathrm{d}z}{\mathrm{d}t}=-\mu tz\sin(\mu t\varphi)-t\varphi\sin(\mu t\varphi),\ z(t_0)=0,$$

得

$$\frac{\partial\varphi}{\partial\mu}=-\exp(\eta(t,\varphi,\mu))\int_{t_0}^{t}\tau\varphi\sin(\mu\tau\varphi)\exp(-\eta(\tau,\varphi,\mu))\mathrm{d}\tau.$$

其中

$$\eta(t,\varphi,\mu)=-\mu\int_{t_0}^{t}\tau\sin(\mu\tau\varphi)\mathrm{d}\tau.$$

因此有

$$\left.\frac{\partial \varphi}{\partial t_0}\right|_{\mu=0}=-1,\quad \left.\frac{\partial \varphi}{\partial x_0}\right|_{\mu=0}=1,\quad \left.\frac{\partial \varphi}{\partial \mu}\right|_{\mu=0}=0.$$

2.4 奇 解

对于某些微分方程，有时存在一条特殊的积分曲线，它不属于该方程的积分曲线族，但在它的每一点上都有积分曲线族中的某条曲线与它相切. 在几何上，这条特殊的积分曲线称为该积分曲线族的包络. 从微分方程的角度来看，在这条特殊的积分曲线上的每一点处，解的唯一性都被破坏. 通常，把这条特殊的积分曲线所对应的解称为方程的奇解.

下面给出曲线族的包络的确切定义. 设

$$\Phi(x,y,C)=0 \tag{2.26}$$

为给定的平面单参数曲线族，其中 C 为参数，$\Phi(x,y,C)$ 作为 (x,y,C) 的三元连续可微函数. 曲线族（2.26）的包络是指这样的曲线 Γ，它本身并不包含在曲线族（2.26）中，但过曲线 Γ 的每一点，有曲线族（2.26）中的一条曲线和 Γ 在这点相切. 例如，单参数曲线族 $y=\cos(x+C)$ 显然有包络 $y=1$ 和 $y=-1$. 然而，一般的曲线族不一定有包络，如同心圆族和平行线族都没有包络.

由微分几何学知识，曲线族（2.26）如果有包络，则当函数 $\Phi(x,y,C)$ 是 x,y,C 的连续可微函数时，其包络应满足关系式

$$\begin{cases}\Phi(x,y,C)=0,\\ \dfrac{\partial \Phi(x,y,C)}{\partial C}=0.\end{cases} \tag{2.27}$$

通常，把关系式（2.27）或由它消去 C 而得到的关于 x,y 的关系式 $\Omega(x,y)=0$ 所确定的曲线称为 C-判别曲线. 它只是一个必要条件. $\Omega(x,y)=0$ 可能有几个分支，哪一个分支才是包络还需要验证.

例如，考虑方程

$$\left(\frac{\mathrm{d}y}{\mathrm{d}x}\right)^2=4y,$$

分解因式得

$$\frac{\mathrm{d}y}{\mathrm{d}x}=\pm 2\sqrt{y},\ \ y\geqslant 0.$$

求积分可得该方程的通解为

$$\Phi(x,y,C)=y-(x+C)^2=0.$$

由此得 C-判别曲线满足方程

$$\begin{cases}\Phi(x,y,C)=y-(x+C)^2=0,\\ \dfrac{\partial\Phi(x,y,C)}{\partial C}=2(x+C)=0.\end{cases}$$

从中消去 C 得 $y=0$.易见 $y=0$ 是方程的抛物线解族 $y=(x+C)^2$ 的包络，如图 2.4 所示. 显然它也是该方程的解，因而 $y=0$ 是该方程的奇解.

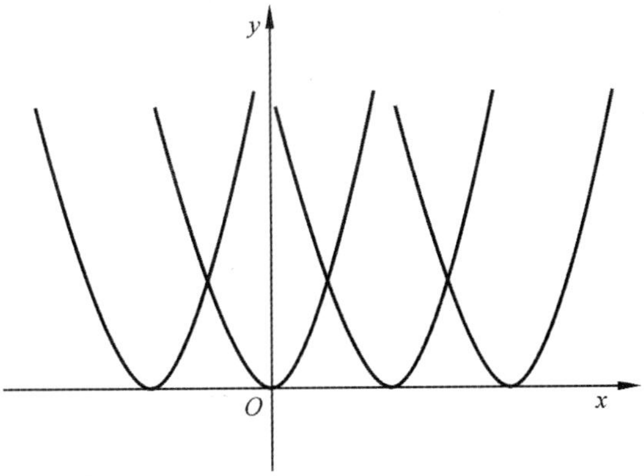

图 2.4　$y=0$ 是抛物线族 $y=(x+C)^2$ 的包络

下面给出另一个判断奇解的方法.

定理 2.6　设函数 $F(x,y,p)$ 连续且对 x,y,p 连续可微，则方程

$$F\left(x,y,\frac{\mathrm{d}y}{\mathrm{d}x}\right)=0$$

的奇解 $y=\phi(x)$ 应满足关系式

$$\begin{cases}F(x,y,p)=0,\\ F_p'(x,y,p)=0,\end{cases}\tag{2.28}$$

或满足从中消去 p 而得到的关系式 $\Delta(x,y)=0$,其中 $p=\dfrac{\mathrm{d}y}{\mathrm{d}x}$.

证明　由于奇解 $y=\phi(x)$ 也是方程的解，因此它显然满足式（2.28）的第一式，故只需要证明它也满足（2.28）的第二式. 用反证法. 假设在某点 x_0 处，

$$\frac{\partial F}{\partial p}(x_0,y_0,p_0)\neq 0\ ,$$

其中，$y_0=\phi(x_0),p_0=\phi'(x_0)$. 由于 $F(x_0,y_0,p_0)=0$,由隐函数定理，存在点 (x_0,y_0) 的某邻域，使得在该邻域内，由方程

$$F(x,y,y')=0\tag{2.29}$$

可以唯一地确定

$$\frac{\mathrm{d}y}{\mathrm{d}x}=f(x,y)\ ,\tag{2.30}$$

其中，函数 $f(x,y)$ 满足 $f(x_0,y_0)=p_0$ 且连续，并对 y 连续可微. 因此式（2.29）所有满足 $y(x_0)=y_0, y'(x_0)=p_0$ 的解都是（2.30）的解. 而方程（2.30）满足皮卡存在唯一性定理的条件，显然方程（2.30）满足初值条件 $y(x_0)=y_0$ 的唯一解只能是 $y=\phi(x)$. 因此，在点 (x_0,y_0) 的附近不可能存在方程（2.29）的其他解在该点与 $y=\phi(x)$ 相切. 这与 $y=\phi(x)$ 是奇解的假设矛盾. 定理证毕.

把由关系式（2.28）或关系式 $\Delta(x,y)=0$ 所确定的曲线称为 p-判别曲线. 显然，方程 $F\left(x,y,\dfrac{\mathrm{d}y}{\mathrm{d}x}\right)=0$ 若存在奇解，则该奇解对应的积分曲线必在 p-判别曲线中. 至于 p-判别曲线是否是方程的奇解，尚需进一步验证.

例 2.5 证明克莱罗（Clairaut）方程

$$y=x\frac{\mathrm{d}y}{\mathrm{d}x}+f\left(\frac{\mathrm{d}y}{\mathrm{d}x}\right) \tag{2.31}$$

恒有奇解，其中一元函数 $f(u)$ 二次连续可微，且 $f''(u)\neq 0$.

证明 令 $p=\dfrac{\mathrm{d}y}{\mathrm{d}x}$. 对方程两边关于 x 求导，可得

$$p=p+x\frac{\mathrm{d}p}{\mathrm{d}x}+f'(p)\frac{\mathrm{d}p}{\mathrm{d}x},$$

故或者 $\dfrac{\mathrm{d}p}{\mathrm{d}x}=0$，或者 $x+f'(p)=0$.

若 $\dfrac{\mathrm{d}p}{\mathrm{d}x}=0$，则 $p=C$，其中 C 为任意常数. 将它代入式（2.31）即得克莱罗方程（2.31）的通解

$$y=Cx+f(C). \tag{2.32}$$

因此，克莱罗方程的积分曲线族为直线族（2.32）. 显然，直线族（2.32）的包络由关系式

$$\begin{cases} y=Cx+f(C), \\ x+f'(C)=0, \end{cases} \tag{2.33}$$

所确定.

若 $x+f'(p)=0$, 则可得方程（2.31）的参数形式的特解为

$$\begin{cases} x=-f'(p), \\ y=-pf'(p)+f(p). \end{cases} \tag{2.34}$$

它也是 p-判别曲线，并且它和式（2.33）有相同的形式. 不难验证由式（2.34）消去 p 后得到的是方程（2.31）的一个奇解.

事实上，若把 p 看成参数，则曲线（2.34）的切线的斜率为

$$\frac{dy}{dx}=\frac{\frac{dy}{dp}}{\frac{dx}{dp}}=\frac{-pf''(p)}{-f''(p)}=p\ .$$

把 $x=-f'(p)$ 和 $\frac{dy}{dx}=p$ 代入（2.34）的后一式，即可得

$$y=x\frac{dy}{dx}+f\left(\frac{dy}{dx}\right),$$

因此，所给 p-判别曲线是方程（2.31）的一条积分曲线. 读者可进一步由定义证明它确实是方程（2.31）的一个奇解.

例如当 $f(p)=-p^2$ 时，容易由上面的结果知相应的克莱罗方程的积分曲线族为直线族 $y=Cx-C^2$，它的包络为抛物线 $y=\frac{1}{4}x^2$，方程的积分曲线在 Oxy 平面上的分布如图 2.5 所示.

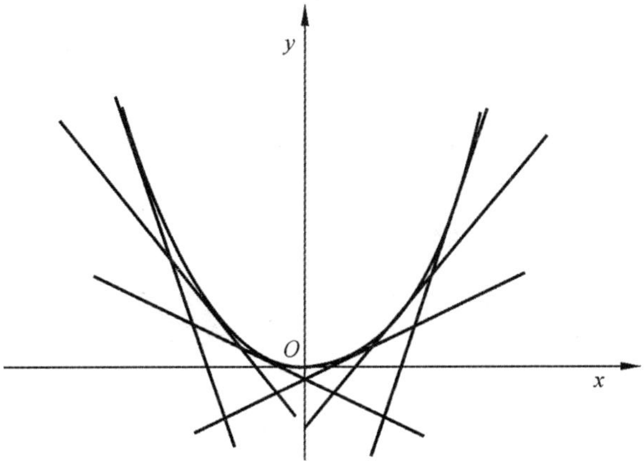

图 2.5　当 $f(p)=-p^2$ 时，克莱罗方程的积分曲线分布

习题 2.4

解下列方程，并求奇解（如果存在奇解）：

（1）$y=2x\frac{dy}{dx}+x^2\left(\frac{dy}{dx}\right)^4$；

（2）$\left(\frac{dy}{dx}\right)^2+y^2-1=0$；

（3）$y=x\frac{dy}{dx}+\sqrt{1+\left(\frac{dy}{dx}\right)^2}$，并画出积分曲线图；

（4）$\left(\frac{dy}{dx}\right)^2+x\frac{dy}{dx}-y=0$, 并画出积分曲线图；

(5) $\left(\frac{dy}{dx}\right)^2+y\frac{dy}{dx}+1=0$；

(6) $y=\left(\frac{dy}{dx}\right)^2$；

(7) $\frac{dy}{dx}=-\sqrt{y-x}+1$；

(8) $y=2x+\frac{dy}{dx}-\frac{1}{3}\left(\frac{dy}{dx}\right)^3$.

第 3 章

线性微分方程组

前两章详细介绍了含一个未知函数的一阶线性微分方程的解法及其解的性质. 但是，在许多实际问题中，往往要涉及几个未知函数和它们的导数，因而相应的数学模型需要用微分方程组来表示. 本章主要介绍线性微分方程组的求解问题. 为了更好地描述，我们首先引进向量和矩阵的记号.

3.1 常用的记号和概念

含有 n 个未知函数 $x_1, x_2, \cdots, x_n$ 的一阶微分方程组的一般形式为

$$\begin{cases} \dfrac{\mathrm{d}x_1}{\mathrm{d}t} = g_1(t, x_1, x_2, \cdots, x_n), \\ \dfrac{\mathrm{d}x_2}{\mathrm{d}t} = g_2(t, x_1, x_2, \cdots, x_n), \\ \qquad \vdots \\ \dfrac{\mathrm{d}x_n}{\mathrm{d}t} = g_n(t, x_1, x_2, \cdots, x_n). \end{cases} \tag{3.1}$$

特别地，若 $g_i(t, x_1, x_2, \cdots, x_n)\ (i = 1, 2, \cdots, n)$ 关于 $x_1, x_2, \cdots, x_n$ 是线性的，则（3.1）变成

$$\begin{cases} \dfrac{\mathrm{d}x_1}{\mathrm{d}t} = a_{11}(t)x_1 + a_{12}(t)x_2 + \cdots + a_{1n}(t)x_n + g_1(t), \\ \dfrac{\mathrm{d}x_2}{\mathrm{d}t} = a_{21}(t)x_1 + a_{22}(t)x_2 + \cdots + a_{2n}(t)x_n + g_2(t), \\ \qquad \vdots \\ \dfrac{\mathrm{d}x_n}{\mathrm{d}t} = a_{n1}(t)x_1 + a_{n2}(t)x_2 + \cdots + a_{nn}(t)x_n + g_n(t), \end{cases} \tag{3.2}$$

式(3.2)称为一阶线性微分方程组. 其中，$a_{ij}(t)\ (i,j=1,2,\cdots,n)$ 和 $g_i(t)\ (i=1,2,\cdots,n)$ 是区间 $[a,b]$ 上的连续函数.

记：

$$\boldsymbol{x}=(x_1,x_2,\cdots,x_n)^{\mathrm{T}},\frac{\mathrm{d}\boldsymbol{x}}{\mathrm{d}t}=\left(\frac{\mathrm{d}x_1}{\mathrm{d}t},\frac{\mathrm{d}x_2}{\mathrm{d}t},\cdots,\frac{\mathrm{d}x_n}{\mathrm{d}t}\right)^{\mathrm{T}},\boldsymbol{G}(t)=(g_1(t),g_2(t),\cdots,g_n(t))^{\mathrm{T}},$$

$$\boldsymbol{A}(t)=\begin{pmatrix} a_{11}(t) & a_{12}(t) & \cdots & a_{1n}(t) \\ a_{21}(t) & a_{22}(t) & \cdots & a_{2n}(t) \\ \vdots & \vdots & & \vdots \\ a_{n1}(t) & a_{n2}(t) & \cdots & a_{nn}(t) \end{pmatrix}$$

则（3.2）可以写成：

$$\frac{\mathrm{d}\boldsymbol{x}}{\mathrm{d}t}=\boldsymbol{A}(t)\boldsymbol{x}+\boldsymbol{G}(t)\ . \tag{3.3}$$

当 $\boldsymbol{G}(t)\equiv\boldsymbol{0}$ 时，称方程组（3.3）是齐次的；否则，就称为是非齐次的.

为了理解和证明接下来的定理，需要了解矩阵函数的一些性质. 矩阵加法和乘法等性质对于矩阵函数同样成立，接下来给出矩阵函数（向量函数）连续、可微、可积的基本概念.

一个 n 阶方阵 $\boldsymbol{A}(t)$ 和一个 n 维列向量函数 $\boldsymbol{u}(t)$

$$\boldsymbol{A}(t)=\begin{pmatrix} a_{11}(t) & a_{12}(t) & \cdots & a_{1n}(t) \\ a_{21}(t) & a_{22}(t) & \cdots & a_{2n}(t) \\ \vdots & \vdots & & \vdots \\ a_{n1}(t) & a_{n2}(t) & \cdots & a_{nn}(t) \end{pmatrix},\quad \boldsymbol{u}(t)=\begin{pmatrix} u_1(t) \\ u_2(t) \\ \vdots \\ u_n(t) \end{pmatrix}$$

（1）**连续**：如果矩阵或向量的每一个元都在区间 $[a,b]$ 上连续，则称该矩阵或向量在区间 $[a,b]$ 上连续.

（2）**可微**：如果矩阵或向量的每一个元都在区间 $[a,b]$ 上可微，则称该矩阵或向量在区间 $[a,b]$ 上可微. 其导数为

$$\boldsymbol{A}'(t)=\begin{pmatrix} a_{11}'(t) & a_{12}'(t) & \cdots & a_{1n}'(t) \\ a_{21}'(t) & a_{22}'(t) & \cdots & a_{2n}'(t) \\ \vdots & \vdots & & \vdots \\ a_{n1}'(t) & a_{n2}'(t) & \cdots & a_{nn}'(t) \end{pmatrix},\quad \boldsymbol{u}'(t)=\begin{pmatrix} u_1'(t) \\ u_2'(t) \\ \vdots \\ u_n'(t) \end{pmatrix}.$$

设 n 阶矩阵函数 $\boldsymbol{A}(t),\boldsymbol{B}(t)$ 和 n 维列向量函数 $\boldsymbol{u}(t),\boldsymbol{v}(t)$ 是可微的，则下列关系式成立：

$$\begin{aligned} &(\boldsymbol{A}(t)+\boldsymbol{B}(t))'=\boldsymbol{A}'(t)+\boldsymbol{B}'(t), \\ &(\boldsymbol{u}(t)+\boldsymbol{v}(t))'=\boldsymbol{u}'(t)+\boldsymbol{v}'(t), \\ &(\boldsymbol{A}(t)\boldsymbol{B}(t))'=\boldsymbol{A}'(t)\boldsymbol{B}(t)+\boldsymbol{A}(t)\boldsymbol{B}'(t), \\ &(\boldsymbol{A}(t)\boldsymbol{u}(t))'=\boldsymbol{A}'(t)\boldsymbol{u}(t)+\boldsymbol{A}(t)\boldsymbol{u}'(t). \end{aligned}$$

（3）**可积**：如果矩阵或向量的每一个元都在区间 $[a,b]$ 上可积，则称该矩阵或向量在区间 $[a,b]$ 上可积. 其积分为

$$\int_a^b \boldsymbol{A}(t)\mathrm{d}t=\begin{pmatrix}\int_a^b a_{11}(t)\mathrm{d}t & \int_a^b a_{12}(t)\mathrm{d}t & \cdots & \int_a^b a_{1n}(t)\mathrm{d}t\\ \int_a^b a_{21}(t)\mathrm{d}t & \int_a^b a_{22}(t)\mathrm{d}t & \cdots & \int_a^b a_{2n}(t)\mathrm{d}t\\ \vdots & \vdots & & \vdots\\ \int_a^b a_{n1}(t)\mathrm{d}t & \int_a^b a_{n2}(t)\mathrm{d}t & \cdots & \int_a^b a_{nn}(t)\mathrm{d}t\end{pmatrix},\quad \int_a^b \boldsymbol{u}(t)\mathrm{d}t=\begin{pmatrix}\int_a^b u_1(t)\mathrm{d}t\\ \int_a^b u_2(t)\mathrm{d}t\\ \vdots\\ \int_a^b u_n(t)\mathrm{d}t\end{pmatrix}.$$

接下来，给出线性方程组（3.3）的解的定义.

定义 3.1　设 n 维列向量函数 $\boldsymbol{x}(t)$ 及其导数 $\dfrac{\mathrm{d}\boldsymbol{x}}{\mathrm{d}t}$ 在 $[a,b]$ 上存在且连续，并且满足线性方程组（3.3），则称 $\boldsymbol{x}(t)$ 为线性方程组（3.3）在 $[a,b]$ 上的解.

考虑（3.3）的初值问题：

$$\begin{cases}\dfrac{\mathrm{d}\boldsymbol{x}}{\mathrm{d}t}=\boldsymbol{A}(t)\boldsymbol{x}+\boldsymbol{G}(t),\\ \boldsymbol{x}(t_0)=\boldsymbol{x}_0,\end{cases}\tag{3.4}$$

的解的存在唯一性.

定义 3.2　如果 n 维列向量函数 $\boldsymbol{x}(t)$ 是线性方程组（3.3）在 $[a,b]$ 上的解，且满足 $\boldsymbol{x}(t_0)=\boldsymbol{x}_0$，$t_0\in[a,b]$，则称 $\boldsymbol{x}(t)$ 为初值问题（3.4）在 $[a,b]$ 上的解.

定理 3.1（解的存在唯一性定理）　如果式（3.4）中的 $\boldsymbol{A}(t)$ 和 $\boldsymbol{G}(t)$ 在区间 $[a,b]$ 上连续，则对于任意的 $t_0\in[a,b]$ 及任一 n 维常向量 $\boldsymbol{x}_0$，一阶线性方程组的初值问题（3.4）在整个区间 $[a,b]$ 上存在唯一解 $\boldsymbol{x}(t)$ 且满足 $\boldsymbol{x}(t_0)=\boldsymbol{x}_0$.

易见，（3.4）形式上与一阶线性微分方程的初值问题类似，因此，类似地，可以采用皮卡（Picard）逐步逼近法来证明初值问题（3.4）解的存在唯一性. 为简便起见，本书仅给出需要证明的五大步骤，详细证明过程可参考文献[1].

第一步：证明求初值问题（3.4）在 $[a,b]$ 上的解等价于求下列积分方程

$$\boldsymbol{x}(t)=\boldsymbol{x}_0+\int_{t_0}^t[\boldsymbol{A}(s)\boldsymbol{x}(s)+\boldsymbol{G}(s)]\mathrm{d}s\tag{3.5}$$

在 $[a,b]$ 上的连续解.

第二步：构造皮卡逐步逼近向量函数序列.

$$\begin{cases}\boldsymbol{x}_0(t)=\boldsymbol{x}_0,\\ \boldsymbol{x}_k(t)=\boldsymbol{x}_0+\int_{t_0}^t[\boldsymbol{A}(s)\boldsymbol{x}_{k-1}(s)+\boldsymbol{G}(s)]\mathrm{d}s,\ k=1,2,\cdots\end{cases}$$

其中，$t\in[a,b]$. 证明此向量函数序列 $\{\boldsymbol{x}_k(t)\}$ 在 $[a,b]$ 上有定义且连续.

第三步：证明向量函数序列 $\{\boldsymbol{x}_k(t)\}$ 在 $[a,b]$ 上一致收敛.

第四步：证明向量函数序列 $\{\boldsymbol{x}_k(t)\}$ 的一致收敛极限函数 $\boldsymbol{x}(t)$ 是积分方程（3.5）在 $[a,b]$ 上的连续解.

第五步：证明积分方程（3.5）在 $[a,b]$ 上连续解的唯一性.

注 3.1（1）初值问题（3.4）的解的存在区间是 $[a,b]$，与 $\boldsymbol{A}(t)$ 和 $\boldsymbol{G}(t)$ 连续的区间保持一致.

（2）第二步证明中的皮卡逐步逼近向量函数序列里的 $\boldsymbol{x}_k(t)$，被称为初值问题（3.4）的第 k 次近似解.

3.2 线性微分方程组的一般理论

本节主要研究非齐次线性微分方程组（3.3）和对应的齐次线性微分方程组

$$\frac{\mathrm{d}\boldsymbol{x}}{\mathrm{d}t}=\boldsymbol{A}(t)\boldsymbol{x} \tag{3.6}$$

的解的结构问题. 假设系数矩阵 $\boldsymbol{A}(t)$ 在 $[a,b]$ 上连续.

3.2.1 齐次线性微分方程组

根据向量函数的微分法则，容易得到下面的叠加原理.

定理 3.2（叠加原理） 设 $\boldsymbol{u}(t)$ 和 $\boldsymbol{v}(t)$ 是齐次线性微分方程组（3.6）的任意两个解，α 和 β 是任意常数，则它们的线性组合 $\alpha\boldsymbol{u}(t)+\beta\boldsymbol{v}(t)$ 也是方程组（3.6）的解.

实际上，齐次线性微分方程组（3.6）的任意有限个解的线性组合仍是（3.6）的解. 由定理 3.2 可知，齐次线性方程组（3.6）的解的集合构成一个线性空间. 接下来证明，该空间的维数为 n. 为此，先引入线性相关和线性无关的概念.

设 $\boldsymbol{u}_1(t),\boldsymbol{u}_2(t),\cdots,\boldsymbol{u}_m(t)$ 为定义在区间 $[a,b]$ 上的 m 个 n 维列向量函数，如果存在不全为零的常数 $c_1,c_2,\cdots,c_m$，使得

$$c_1\boldsymbol{u}_1(t)+c_2\boldsymbol{u}_2(t)+\cdots+c_m\boldsymbol{u}_m(t)\equiv\boldsymbol{0},\quad t\in[a,b],$$

则称这 m 个向量函数在 $[a,b]$ 上线性相关；否则，称它们在 $[a,b]$ 上线性无关.

例 3.1 向量函数组

$$\boldsymbol{u}_1(t)=\begin{pmatrix}\mathrm{e}^{-2t}\\0\\-\mathrm{e}^{-2t}\end{pmatrix},\ \boldsymbol{u}_2(t)=\begin{pmatrix}0\\\mathrm{e}^{-2t}\\-\mathrm{e}^{-2t}\end{pmatrix}$$

在 $(-\infty,+\infty)$ 上线性无关.

因为 $c_1\boldsymbol{u}_1(t)+c_2\boldsymbol{u}_2(t)\equiv\boldsymbol{0},t\in(-\infty,+\infty)$，当且仅当 $c_1=c_2=0$ 时成立. 显然，这两个向量函数的各个对应分量都构成线性相关函数组，由此可说明，向量函数组的线性相关性与它们的分量构成的函数组的线性相关性并不等价.

接下来，介绍判别向量函数组线性相关和线性无关的一个方法.

设有 n 个定义在区间 $[a,b]$ 上的 n 维列向量函数

$$\boldsymbol{u}_1(t)=\begin{pmatrix}u_{11}(t)\\u_{21}(t)\\\vdots\\u_{n1}(t)\end{pmatrix},\ \boldsymbol{u}_2(t)=\begin{pmatrix}u_{12}(t)\\u_{22}(t)\\\vdots\\u_{n2}(t)\end{pmatrix},\ \cdots,\ \boldsymbol{u}_n(t)=\begin{pmatrix}u_{1n}(t)\\u_{2n}(t)\\\vdots\\u_{nn}(t)\end{pmatrix},$$

则这些向量函数的朗斯基（Wronski）行列式定义为

$$W[\boldsymbol{u}_1(t),\ \boldsymbol{u}_2(t),\ \cdots,\boldsymbol{u}_n(t)]=W(t)=\begin{vmatrix}u_{11}(t) & u_{12}(t) & \cdots & u_{1n}(t)\\u_{21}(t) & u_{22}(t) & \cdots & u_{2n}(t)\\\vdots & \vdots & & \vdots\\u_{n1}(t) & u_{n2}(t) & \cdots & u_{nn}(t)\end{vmatrix}.$$

定理 3.3 如果向量函数组 $\boldsymbol{u}_1(t),\boldsymbol{u}_2(t),\cdots,\boldsymbol{u}_n(t)$ 在 $[a,b]$ 上线性相关，则它们的朗斯基行列式 $W(t)=0,\ t\in[a,b]$

证明 根据线性相关可知，存在不全为零的常数 $c_1,c_2,\cdots,c_n$，使得

$$c_1\boldsymbol{u}_1(t)+c_2\boldsymbol{u}_2(t)+\cdots+c_n\boldsymbol{u}_n(t)\equiv\boldsymbol{0},\ t\in[a,b].\tag{3.7}$$

记为向量形式：

$$\boldsymbol{\Phi}(t)\boldsymbol{c}\equiv\boldsymbol{0},\ \ t\in[a,b],$$

其中，$\boldsymbol{\Phi}(t)=(\boldsymbol{u}_1(t),\boldsymbol{u}_2(t),\cdots,\boldsymbol{u}_n(t))$ 是该向量组对应的矩阵，$\boldsymbol{c}=(c_1,c_2,\cdots,c_n)^{\mathrm{T}}$.

显然，（3.7）可看成关于 $c_1,c_2,\cdots,c_n$ 的齐次线性代数方程组，其系数行列式 $|\boldsymbol{\Phi}(t)|$ 就是函数组的朗斯基行列式 $W(t)$. 由于 $c_1,c_2,\cdots,c_n$ 不全为零，所以对任何 $t\in[a,b]$，方程组（3.7）有非零解. 根据线性代数知识可得，其系数行列式 $W(t)\equiv0,t\in[a,b]$. 证毕.

值得注意的是，对于一般的向量函数组，定理 3.3 的逆命题不一定成立. 例如，向量函数组

$$\boldsymbol{u}_1(t)=\begin{pmatrix}t\\0\end{pmatrix},\ \boldsymbol{u}_2(t)=\begin{pmatrix}t^2\\0\end{pmatrix}$$

的朗斯基行列式在任何区间上都是恒等于零，但是它们却线性无关. 然而，当向量函数组是齐次线性微分方程组（3.6）的解时，定理 3.3 的逆命题成立.

定理 3.4 如果向量函数组 $\boldsymbol{u}_1(t),\boldsymbol{u}_2(t),\cdots,\boldsymbol{u}_n(t)$ 是方程组（3.6）的 n 个解，则 $\boldsymbol{u}_1(t),\boldsymbol{u}_2(t),\cdots,\boldsymbol{u}_n(t)$ 线性无关的充要条件是它们的朗斯基行列式 $W(t)\neq0,t\in[a,b]$.

证明 （充分性）由 $W(t)\neq0,t\in[a,b]$, 则 $\boldsymbol{u}_1(t),\boldsymbol{u}_2(t),\cdots,\boldsymbol{u}_n(t)$ 线性无关，该命题是定理 3.3 的逆否命题，故成立.

（必要性）用反证法. 假设存在某个 $t_0\ (a\leqslant t_0\leqslant b)$，使得 $W(t_0)=0$. 考虑下面关于 $c_1,c_2,\cdots,c_n$ 的齐次线性代数方程组

$$c_1\boldsymbol{u}_1(t_0)+c_2\boldsymbol{u}_2(t_0)+\cdots+c_n\boldsymbol{u}_n(t_0)=\boldsymbol{0},\tag{3.8}$$

其系数行列式为 $W(t_0)$. 因为 $W(t_0)=0$, 所以方程组（3.8）存在非零解 $\hat{c}_1,\hat{c}_2,\cdots,\hat{c}_n$. 由这个非零解 $\hat{c}_1,\hat{c}_2,\cdots,\hat{c}_n$ 构成向量函数

$$\boldsymbol{u}(t)=\hat{c}_1\boldsymbol{u}_1(t)+\hat{c}_2\boldsymbol{u}_2(t)+\cdots+c_n\boldsymbol{u}_n(t)\,, \tag{3.9}$$

根据叠加原理得到，$\boldsymbol{u}(t)$ 是方程组（3.6）的解. 再由（3.8）可以得

$$\boldsymbol{u}(t_0)=\boldsymbol{0}\,, \tag{3.10}$$

此为解 $\boldsymbol{u}(t)$ 的初值条件. 但在 $[a,b]$ 上恒为零的向量函数 $\boldsymbol{0}$ 也是齐次方程组（3.6）满足初值条件（3.10）的解，由初值问题解的唯一性得，$\boldsymbol{u}(t)\equiv\boldsymbol{0}$，即

$$\hat{c}_1\boldsymbol{u}_1(t)+\hat{c}_2\boldsymbol{u}_2(t)+\cdots+c_n\boldsymbol{u}_n(t)=\boldsymbol{0},\quad a\leqslant t\leqslant b\,.$$

因为 $\hat{c}_1,\hat{c}_2,\cdots,\hat{c}_n$ 不全为零，所以向量组 $\boldsymbol{u}_1(t)$, $\boldsymbol{u}_2(t),\cdots$, $\boldsymbol{u}_n(t)$ 线性相关，与已知条件线性无关矛盾. 证毕.

定理 3.5 齐次线性微分方程组（3.6）存在 n 个线性无关的解 $\boldsymbol{u}_1(t),\boldsymbol{u}_2(t),\cdots,\boldsymbol{u}_n(t)$.

证明 取 $t_0\in[a,b]$, 由解的存在唯一性定理，方程组（3.6）分别满足初值条件

$$\boldsymbol{u}_1(t_0)=\begin{pmatrix}1\\0\\\vdots\\0\end{pmatrix},\ \boldsymbol{u}_2(t_0)=\begin{pmatrix}0\\1\\\vdots\\0\end{pmatrix},\ \cdots,\ \boldsymbol{u}_n(t_0)=\begin{pmatrix}0\\0\\\vdots\\1\end{pmatrix}$$

的解 $\boldsymbol{u}_1(t),\boldsymbol{u}_2(t),\cdots,\boldsymbol{u}_n(t)$ 一定存在. 又因为这 n 个解的朗斯基行列式在 t_0 处的值 $W(t_0)\neq 0$，由定理 3.3 得 $\boldsymbol{u}_1(t),\boldsymbol{u}_2(t),\cdots,\boldsymbol{u}_n(t)$ 线性无关. 证毕.

定理 3.6（齐次通解结构定理） 若 $\boldsymbol{u}_1(t),\boldsymbol{u}_2(t),\cdots,\boldsymbol{u}_n(t)$ 是方程组（3.6）的 n 个线性无关的解，则（3.6）的通解为

$$\boldsymbol{u}(t)=c_1\boldsymbol{u}_1(t)+c_2\boldsymbol{u}_2(t)+\cdots+c_n\boldsymbol{u}_n(t)\,,$$

其中，$c_1,c_2,\cdots,c_n$ 是 n 个任意常数，且上式通解包含方程组（3.6）的所有解.

证明 根据叠加原理，由 $c_1,c_2,\cdots,c_n$ 构成的向量函数 $c_1\boldsymbol{u}_1(t)+c_2\boldsymbol{u}_2(t)+\cdots+c_n\boldsymbol{u}_n(t)$ 是方程组（3.6）的解. 证明 $c_1,c_2,\cdots,c_n$ 相互独立. 定义 $u_{(i)}(t)=c_1u_{i1}(t)+c_2u_{i2}(t)+\cdots+c_nu_{in}(t)$ 可由 $\left|\dfrac{\partial(u_{(1)},u_{(2)},\cdots,u_{(n)})}{\partial(c_1,c_2,\cdots,c_n)}\right|\neq 0$ 得到. 最后，证明方程组（3.6）的任一解 $\boldsymbol{u}(t)$ 均可表示成 $c_1\boldsymbol{u}_1(t)+c_2\boldsymbol{u}_2(t)+\cdots+c_n\boldsymbol{u}_n(t)$ 这样的形式，$c_1,c_2,\cdots,c_n$ 是相应的确定常数. 任取 $t_0\in[a,b]$，令

$$\boldsymbol{u}(t_0)=c_1\boldsymbol{u}_1(t_0)+c_2\boldsymbol{u}_2(t_0)+\cdots+c_n\boldsymbol{u}_n(t_0)\,, \tag{3.11}$$

将式（3.11）看作以 $c_1,c_2,\cdots,c_n$ 为未知量的线性代数方程组.其系数行列式为 $W(t_0)$. 由于 $\boldsymbol{u}_1(t),\boldsymbol{u}_2(t),\cdots,\boldsymbol{u}_n(t)$ 是线性无关的，根据定理 3.4 知 $W(t_0)\neq 0$.结合线性代数方程组的相关理论，方程组（3.11）存在唯一解 $\tilde{c}_1,\tilde{c}_2,\cdots,\tilde{c}_n$. 根据叠加原理，由 $\tilde{c}_1,\tilde{c}_2,\cdots,\tilde{c}_n$ 构成的向量函数 $\tilde{c}_1\boldsymbol{u}_1(t)+\tilde{c}_2\boldsymbol{u}_2(t)+\cdots+\tilde{c}_n\boldsymbol{u}_n(t)$ 是方程组（3.6）的解. 由式（3.11）可知，方程组（3.6）的两个解 $\boldsymbol{u}(t)$ 及 $\tilde{c}_1\boldsymbol{u}_1(t)+\tilde{c}_2\boldsymbol{u}_2(t)+\cdots+\tilde{c}_n\boldsymbol{u}_n(t)$ 具有相同的初值条件. 从而由初值问题解的唯一性得到 $\boldsymbol{u}(t)=\tilde{c}_1\boldsymbol{u}_1(t)+\tilde{c}_2\boldsymbol{u}_2(t)+\cdots+\tilde{c}_n\boldsymbol{u}_n(t)$. 证毕.

注 3.2 由定理 3.6 可得，只需求得方程组（3.6）的 n 个线性无关的解，就可得到其通解的表达式，并且方程组（3.6）的任意 n+1 个解必线性相关. 因此，方程组（3.6）的解的全体构成一个 n 维线性空间.

以齐次线性微分方程组（3.6）的 n 个解为列构成的矩阵称为解矩阵，方程组（3.6）的 n 个线性无关的解称为它的基本解组，以基本解组为列构成的矩阵 $\boldsymbol{\Phi}(t)$ 称为基解矩阵. 若 $\boldsymbol{\Phi}(t_0)=\boldsymbol{I}$，则称其为标准基解矩阵.

简便起见,定理 3.4 ~ 定理 3.6 可以写成矩阵的形式. 定理 3.4 改写成定理 3.4*,定理 3.5 ~ 定理 3.6 改写成定理 3.5*.

定理 3.4* 方程组（3.6）的一个解矩阵 $\boldsymbol{\Phi}(t)$ 是基解矩阵的充要条件是 $\left|\boldsymbol{\Phi}(t)\right|\neq 0, t\in[a,b]$.

注意，若存在 $t_0\in[a,b]$ 使得 $\left|\boldsymbol{\Phi}(t_0)\right|\neq 0$，则 $\left|\boldsymbol{\Phi}(t)\right|\neq 0, t\in[a,b]$.

定理 3.5* 齐次线性微分方程组（3.6）一定存在一个基解矩阵 $\boldsymbol{\Phi}(t)$，且方程组（3.6）的通解为

$$\boldsymbol{x}(t)=\boldsymbol{\Phi}(t)\boldsymbol{c},$$

其中，$\boldsymbol{c}$ 是任意的 n 维常数列向量.

根据上述定理，可以证明基解矩阵具有如下的性质.

定理 3.7 设 $\boldsymbol{\Phi}(t)$ 是（3.6）在区间 $[a,b]$ 上的基解矩阵，

（1）若 $\boldsymbol{C}$ 是可逆的 n 阶常数矩阵，则 $\boldsymbol{\Phi}(t)\boldsymbol{C}$ 也是（3.6）在区间 $[a,b]$ 上的基解矩阵.

（2）若 $\boldsymbol{\Psi}(t)$ 是方程组（3.6）的另一个基解矩阵，则存在可逆的 n 阶常数矩阵 $\boldsymbol{C}$，使得 $\boldsymbol{\Psi}(t)=\boldsymbol{\Phi}(t)\boldsymbol{C},\ t\in[a,b]$.

证明 （1）根据解矩阵的定义知，方程组（3.6）的任一解矩阵 $\boldsymbol{X}(t)$ 满足关系

$$\boldsymbol{X}'(t)=\boldsymbol{A}(t)\boldsymbol{X}(t),\quad a\leqslant t\leqslant b.$$

反之亦然. 令

$$\boldsymbol{\Psi}(t)=\boldsymbol{\Phi}(t)\boldsymbol{C},\ t\in[a,b],$$

由于 $\boldsymbol{\Phi}(t)$ 是方程（3.6）的基解矩阵，$\boldsymbol{C}$ 是常数矩阵，得

$$\boldsymbol{\Psi}'(t)=\boldsymbol{\Phi}'(t)\boldsymbol{C}=\boldsymbol{A}(t)\boldsymbol{\Phi}(t)\boldsymbol{C}=\boldsymbol{A}(t)\boldsymbol{\Psi}(t),$$

即 $\boldsymbol{\Psi}(t)$ 是（3.6）的解矩阵.又因为 $\boldsymbol{C}$ 是可逆的，所以

$$\left|\boldsymbol{\Psi}(t)\right|=\left|\boldsymbol{\Phi}(t)\right|\cdot\left|\boldsymbol{C}\right|\neq 0,\quad t\in[a,b].$$

由定理 3.4*可得，$\boldsymbol{\Phi}(t)\boldsymbol{C}$ 是（3.6）的基解矩阵.

（2）因为 $\boldsymbol{\Phi}(t)$ 为基解矩阵，故其逆矩阵 $\boldsymbol{\Phi}^{-1}(t)$ 一定存在.令

$$\boldsymbol{\Phi}^{-1}(t)\boldsymbol{\Psi}(t)=\boldsymbol{X}(t),\quad a\leqslant t\leqslant b,$$

或者

$$\boldsymbol{\Psi}(t)=\boldsymbol{\Phi}(t)\boldsymbol{X}(t),\quad a\leqslant t\leqslant b.$$

由于 $\boldsymbol{X}(t)$ 是 n 阶可微矩阵，且 $\left|\boldsymbol{X}(t)\right|\neq 0$,所以

$$\begin{aligned}\boldsymbol{A}(t)\boldsymbol{\Psi}(t)=\boldsymbol{\Psi}'(t)&=\boldsymbol{\Phi}'(t)\boldsymbol{X}(t)+\boldsymbol{\Phi}(t)\boldsymbol{X}'(t)\\&=\boldsymbol{A}(t)\boldsymbol{\Phi}(t)\boldsymbol{X}(t)+\boldsymbol{\Phi}(t)\boldsymbol{X}'(t)\\&=\boldsymbol{A}(t)\boldsymbol{\Psi}(t)+\boldsymbol{\Phi}(t)\boldsymbol{X}'(t),\quad a\leqslant t\leqslant b.\end{aligned}$$

因此，$\boldsymbol{\Phi}(t)\boldsymbol{X}'(t)=\boldsymbol{0}$，由于逆矩阵 $\boldsymbol{\Phi}^{-1}(t)$ 一定存在，则 $\boldsymbol{X}'(t)=\boldsymbol{0}$，即 $\boldsymbol{X}(t)$ 为常数矩阵，记为 $\boldsymbol{C}$，

从而

$$\boldsymbol{\Psi}(t)=\boldsymbol{\Phi}(t)\boldsymbol{C},\ \ t\in[a,b],$$

其中，$\boldsymbol{C}=\boldsymbol{\Phi}^{-1}(t)\boldsymbol{\Psi}(t)$ 为可逆的 n 阶常数矩阵. 证毕.

齐次线性方程组（3.6）的解与其系数之间有密切关系，我们用如下的定理刻画.

定理 3.8 若 $\boldsymbol{u}_1(t),\boldsymbol{u}_2(t),\cdots,\boldsymbol{u}_n(t)$ 是齐次方程组（3.6）的 n 个解，$W(t)$ 是它们的朗斯基行列式，则对任一 $t_0\in[a,b]$，有下式成立：

$$W(t)=W(t_0)\mathrm{e}^{\int_{t_0}^{t}\operatorname{tr}\boldsymbol{A}(s)\mathrm{d}s}, \tag{3.12}$$

其中，$\operatorname{tr}\boldsymbol{A}(s)=a_{11}(s)+a_{22}(s)+\cdots+a_{nn}(s)$. 上式被称为刘维尔（Liouville）公式.

证明 由行列式的定义和相关的求导法则可以得到

$$\frac{\mathrm{d}W(t)}{\mathrm{d}t}=\frac{\mathrm{d}}{\mathrm{d}t}\begin{vmatrix}u_{11}(t) & u_{12}(t) & \cdots & u_{1n}(t)\\ u_{21}(t) & u_{22}(t) & \cdots & u_{2n}(t)\\ \vdots & \vdots & & \vdots\\ u_{n1}(t) & u_{n2}(t) & \cdots & u_{nn}(t)\end{vmatrix}$$

$$=\begin{vmatrix}\frac{\mathrm{d}u_{11}(t)}{\mathrm{d}t} & \frac{\mathrm{d}u_{12}(t)}{\mathrm{d}t} & \cdots & \frac{\mathrm{d}u_{1n}(t)}{\mathrm{d}t}\\ u_{21}(t) & u_{22}(t) & \cdots & u_{2n}(t)\\ \vdots & \vdots & & \vdots\\ u_{n1}(t) & u_{n2}(t) & \cdots & u_{nn}(t)\end{vmatrix}+\begin{vmatrix}u_{11}(t) & u_{12}(t) & \cdots & u_{1n}(t)\\ \frac{\mathrm{d}u_{21}(t)}{\mathrm{d}t} & \frac{\mathrm{d}u_{22}(t)}{\mathrm{d}t} & \cdots & \frac{\mathrm{d}u_{2n}(t)}{\mathrm{d}t}\\ \vdots & \vdots & & \vdots\\ u_{n1}(t) & u_{n2}(t) & \cdots & u_{nn}(t)\end{vmatrix}+$$

$$\cdots+\begin{vmatrix}u_{11}(t) & u_{12}(t) & \cdots & u_{1n}(t)\\ u_{21}(t) & u_{22}(t) & \cdots & u_{2n}(t)\\ \vdots & \vdots & & \vdots\\ \frac{\mathrm{d}u_{n1}(t)}{\mathrm{d}t} & \frac{\mathrm{d}u_{n2}(t)}{\mathrm{d}t} & \cdots & \frac{\mathrm{d}u_{nn}(t)}{\mathrm{d}t}\end{vmatrix}. \tag{3.13}$$

因为 $\boldsymbol{u}_i(t)\left(i=1,2,\cdots,n\right)$ 是齐次方程组（3.6）的 n 个解，所以

$$\begin{vmatrix}\frac{\mathrm{d}u_{11}(t)}{\mathrm{d}t} & \frac{\mathrm{d}u_{12}(t)}{\mathrm{d}t} & \cdots & \frac{\mathrm{d}u_{1n}(t)}{\mathrm{d}t}\\ u_{21}(t) & u_{22}(t) & \cdots & u_{2n}(t)\\ \vdots & \vdots & & \vdots\\ u_{n1}(t) & u_{n2}(t) & \cdots & u_{nn}(t)\end{vmatrix}$$

$$=\begin{vmatrix}\sum_{i=1}^{n}a_{1i}u_{i1}(t) & \sum_{i=1}^{n}a_{1i}u_{i2}(t) & \cdots & \sum_{i=1}^{n}a_{1i}u_{in}(t)\\ u_{21}(t) & u_{22}(t) & \cdots & u_{2n}(t)\\ \vdots & \vdots & & \vdots\\ u_{n1}(t) & u_{n2}(t) & \cdots & u_{nn}(t)\end{vmatrix}$$

$$
= a_{11}(t)\begin{vmatrix} u_{11}(t) & u_{12}(t) & \cdots & u_{1n}(t) \\ u_{21}(t) & u_{22}(t) & \cdots & u_{2n}(t) \\ \vdots & \vdots & & \vdots \\ u_{n1}(t) & u_{n2}(t) & \cdots & u_{nn}(t) \end{vmatrix}
$$

$$
= a_{11}(t)W(t).
$$

同理得到式（3.13）右端的第 i 个行列式的值等于 $a_{ii}(t)W(t)(i=1,2,\cdots,n)$，所以

$$
\frac{\mathrm{d}W(t)}{\mathrm{d}t} = \sum_{i=1}^{n} a_{ii}(t)W(t).
$$

解得

$$
W(t) = W(t_0)\mathrm{e}^{\int_{t_0}^{t}[a_{11}(s)+a_{22}(s)+\cdots+a_{nn}(s)]\mathrm{d}s}.
$$

证毕.

由刘维尔公式可得，齐次线性方程组（3.6）的 n 个解的朗斯基行列式 $W(t)$ 或者恒不为零，或者恒为零.

3.2.2 非齐次线性微分方程组

本节主要考虑非齐次线性微分方程组（3.3），即

$$
\frac{\mathrm{d}\boldsymbol{x}}{\mathrm{d}t} = \boldsymbol{A}(t)\boldsymbol{x} + \boldsymbol{G}(t)
$$

的解的结构问题和常数变易法. 假设 $\boldsymbol{A}(t)$ 和 $\boldsymbol{G}(t)$ 在 $[a,b]$ 上连续. 显然，当 $\boldsymbol{G}(t)\equiv\boldsymbol{0}$ 时，非齐次方程组（3.3）就变成对应的齐次方程组（3.6）.

容易证明，非齐次线性方程组有两个基本性质.

定理 3.9

（1）如果 $\boldsymbol{u}(t)$ 和 $\boldsymbol{v}(t)$ 分别是非齐次方程组（3.3）和对应齐次方程组（3.6）的解，则 $\boldsymbol{u}(t)+\boldsymbol{v}(t)$ 也是非齐次方程组（3.3）的解.

（2）如果 $\boldsymbol{u}_1(t)$ 和 $\boldsymbol{u}_2(t)$ 是非齐次方程组（3.3）的两个解，则 $\boldsymbol{u}_1(t)-\boldsymbol{u}_2(t)$ 是对应齐次方程组（3.6）的解.

根据上述两个性质，结合齐次方程组的通解结构定理（定理 3.6）可得非齐次方程组的通解结构定理.

定理 3.10（非齐次通解结构定理） 若 $\boldsymbol{v}(t)$ 是非齐次方程组（3.3）的一个特解，$\boldsymbol{u}_1(t),\boldsymbol{u}_2(t),\cdots,\boldsymbol{u}_n(t)$ 是对应齐次方程组（3.6）的 n 个线性无关的解，则非齐次方程组（3.3）的通解为

$$
\boldsymbol{x}(t) = c_1\boldsymbol{u}_1(t) + c_2\boldsymbol{u}_2(t) + \cdots + c_n\boldsymbol{u}_n(t) + \boldsymbol{v}(t), \tag{3.14}
$$

其中，$c_1,c_2,\cdots,c_n$ 是 n 个任意常数，且表达式（3.14）包含方程组（3.3）的所有解.

证明 由非齐次线性方程组的基本性质（1）可知，包含 n 个任意常数 $c_1,c_2,\cdots,c_n$ 的函数（3.14）是非齐次方程组（3.3）的解. 设 $\boldsymbol{x}(t)$ 是非齐次方程组（3.3）的任一解，对于非齐次方程组（3.3）的一个特解 $\boldsymbol{v}(t)$，由非齐次线性方程组的基本性质（2）可知，$\boldsymbol{x}(t)-\boldsymbol{v}(t)$ 是齐次方程组（3.6）的一个解. 因此，根据定理 3.6 即齐次通解结构定理可得，存在 n 个任意常数 $\tilde{c}_1,\tilde{c}_2,\cdots,\tilde{c}_n$，使得

$$\boldsymbol{x}(t)-\boldsymbol{v}(t)=\tilde{c}_1\boldsymbol{u}_1(t)+\tilde{c}_2\boldsymbol{u}_2(t)+\cdots+\tilde{c}_n\boldsymbol{u}_n(t),$$

即

$$\boldsymbol{x}(t)=\tilde{c}_1\boldsymbol{u}_1(t)+\tilde{c}_2\boldsymbol{u}_2(t)+\cdots+\tilde{c}_n\boldsymbol{u}_n(t)+\boldsymbol{v}(t).$$

因此，式（3.14）是非齐次方程组（3.3）的通解. 证毕.

注 3.3 定理 3.10 也可写成矩阵的形式，即若 $\boldsymbol{v}(t)$ 是非齐次方程组（3.3）的一个特解，$\boldsymbol{\Phi}(t)$ 是对应齐次方程组（3.6）的基解矩阵，则非齐次方程组（3.3）的通解为：

$$\boldsymbol{x}(t)=\boldsymbol{\Phi}(t)\boldsymbol{c}+\boldsymbol{v}(t)$$

其中，$\boldsymbol{c}$ 是任意的 n 维常数列向量.

对于一阶非齐次线性微分方程，可以通过常数变易法求得其通解. 那么，对于一阶非齐次线性微分方程组，是否也有类似的常数变易法呢？答案是肯定的. 事实上，只需求得齐次方程组的基解矩阵，就能通过常数变易法得到非齐次方程组的一个特解，进而根据定理 3.10，得到非齐次方程组的通解.

定理 3.11 若 $\boldsymbol{\Phi}(t)$ 是齐次方程组（3.6）的基解矩阵，则非齐次方程组（3.3）的通解为

$$\boldsymbol{x}(t)=\boldsymbol{\Phi}(t)\boldsymbol{c}+\boldsymbol{\Phi}(t)\int_{t_0}^{t}\boldsymbol{\Phi}^{-1}(s)\boldsymbol{G}(s)\mathrm{d}s,\ \ t_0,t\in[a,b], \tag{3.15}$$

其中，$\boldsymbol{c}$ 是任意的 n 维常数列向量. 非齐次方程组（3.3）满足初值条件 $\boldsymbol{x}(t_0)=\boldsymbol{x}_0$ 的特解为：

$$\boldsymbol{x}(t)=\boldsymbol{\Phi}(t)\boldsymbol{\Phi}^{-1}(t_0)\boldsymbol{x}_0+\boldsymbol{\Phi}(t)\int_{t_0}^{t}\boldsymbol{\Phi}^{-1}(s)\boldsymbol{G}(s)\mathrm{d}s,\ \ t_0,t\in[a,b]. \tag{3.16}$$

根据常数变易法得到的式（3.15）和（3.16）被称为常数变易公式.

证明 由 $\boldsymbol{\Phi}(t)$ 是齐次方程组（3.6）的基解矩阵，$\boldsymbol{c}$ 是任意的 n 维常数列向量，则齐次方程组（3.6）的通解为

$$\boldsymbol{x}(t)=\boldsymbol{\Phi}(t)\boldsymbol{c}.$$

将 $\boldsymbol{c}$ 看作是列向量函数，接下来，求非齐次方程组（3.3）形如

$$\boldsymbol{y}(t)=\boldsymbol{\Phi}(t)\boldsymbol{c}(t)$$

的解，$\boldsymbol{c}(t)$ 是待定的列向量函数.

将上式代入非齐次方程组（3.3）可得

$$\boldsymbol{\Phi}'(t)\boldsymbol{c}(t)+\boldsymbol{\Phi}(t)\boldsymbol{c}'(t)=\boldsymbol{A}(t)\boldsymbol{\Phi}(t)\boldsymbol{c}(t)+\boldsymbol{G}(t),\ \ t\in[a,b].$$

由 $\boldsymbol{\Phi}(t)$ 是齐次方程组（3.6）的基解矩阵可得

$$\boldsymbol{\Phi}'(t)=\boldsymbol{A}(t)\boldsymbol{\Phi}(t).$$

从而有

$$\boldsymbol{\Phi}(t)\boldsymbol{c}'(t)=\boldsymbol{G}(t),\quad t\in[a,b].$$

在上式两边同时左乘 $\boldsymbol{\Phi}^{-1}(t)$ 有

$$\boldsymbol{c}'(t)=\boldsymbol{\Phi}^{-1}(t)\boldsymbol{G}(t),\quad t\in[a,b].$$

等式两边同时从 t_0 到 t 积分可得

$$\boldsymbol{c}(t)=\int_{t_0}^{t}\boldsymbol{\Phi}^{-1}(s)\boldsymbol{G}(s)\mathrm{d}s,\quad t_0,t\in[a,b].$$

此处 $\boldsymbol{c}(t_0)=0$．因此，非齐次方程组（3.3）有特解

$$\boldsymbol{y}(t)=\boldsymbol{\Phi}(t)\int_{t_0}^{t}\boldsymbol{\Phi}^{-1}(s)\boldsymbol{G}(s)\mathrm{d}s,\quad t_0,t\in[a,b].$$

从而非齐次方程组（3.3）的通解为

$$\boldsymbol{x}(t)=\boldsymbol{\Phi}(t)\boldsymbol{c}+\boldsymbol{\Phi}(t)\int_{t_0}^{t}\boldsymbol{\Phi}^{-1}(s)\boldsymbol{G}(s)\mathrm{d}s,\quad t_0,t\in[a,b]$$

若 $\boldsymbol{x}(t_0)=\boldsymbol{x}_0$，则 $\boldsymbol{c}=\boldsymbol{\Phi}^{-1}(t_0)\boldsymbol{x}_0$．因此，非齐次方程组（3.3）满足初值条件 $\boldsymbol{x}(t_0)=\boldsymbol{x}_0$ 的特解为

$$\boldsymbol{x}(t)=\boldsymbol{\Phi}(t)\boldsymbol{\Phi}^{-1}(t_0)\boldsymbol{x}_0+\boldsymbol{\Phi}(t)\int_{t_0}^{t}\boldsymbol{\Phi}^{-1}(s)\boldsymbol{G}(s)\mathrm{d}s,\quad t_0,t\in[a,b].$$

证毕.

例 3.2 考虑方程组

$$\frac{\mathrm{d}\boldsymbol{x}}{\mathrm{d}t}=\boldsymbol{A}(t)\boldsymbol{x}+\boldsymbol{G}(t),$$

其中

$$\boldsymbol{A}(t)=\begin{pmatrix}\cos^2 t & \frac{1}{2}\sin 2t-1\\ \frac{1}{2}\sin 2t+1 & \sin^2 t\end{pmatrix},\quad \boldsymbol{G}(\mathrm{t})=\begin{pmatrix}\cos t\\ \sin t\end{pmatrix}.$$

（1）验证

$$\boldsymbol{\Phi}(t)=\begin{pmatrix}\mathrm{e}^t\cos t & -\sin t\\ \mathrm{e}^t\sin t & \cos t\end{pmatrix}$$

是对应齐次方程组 $\dfrac{\mathrm{d}\boldsymbol{x}}{\mathrm{d}t}=\boldsymbol{A}(t)\boldsymbol{x}$ 的基解矩阵.

（2）求 $\dfrac{\mathrm{d}\boldsymbol{x}}{\mathrm{d}t}=\boldsymbol{A}(t)\boldsymbol{x}+\boldsymbol{G}(t)$ 的满足初值条件 $\boldsymbol{x}(0)=(-1,\ 2)^{\mathrm{T}}$ 的解.

解 （1）首先证明 $\boldsymbol{\Phi}(t)$ 是解矩阵. 令 $\boldsymbol{\varphi}_1(t)$ 表示 $\boldsymbol{\Phi}(t)$ 的第一列，此时

$$\boldsymbol{\varphi}_1'(t)=\begin{pmatrix}\mathrm{e}^t\cos t-\mathrm{e}^t\sin t\\ \mathrm{e}^t\sin t+\mathrm{e}^t\cos t\end{pmatrix},$$

$$\boldsymbol{A}(t)\varphi_1(t)=\begin{pmatrix}\cos^2 t & \dfrac{1}{2}\sin 2t-1\\ \dfrac{1}{2}\sin 2t+1 & \sin^2 t\end{pmatrix}\begin{pmatrix}\mathrm{e}^t\cos t\\ \mathrm{e}^t\sin t\end{pmatrix}=\begin{pmatrix}\mathrm{e}^t\cos t-\mathrm{e}^t\sin t\\ \mathrm{e}^t\cos t+\mathrm{e}^t\sin t\end{pmatrix}=\boldsymbol{\varphi}_1'(t),$$

这表示 $\boldsymbol{\varphi}_1(t)$ 是一个解.同样地，令 $\boldsymbol{\varphi}_2(t)$ 表示 $\boldsymbol{\Phi}(t)$ 的第二列，有

$$\boldsymbol{\varphi}_2'(t)=\begin{pmatrix}-\cos t\\ -\sin t\end{pmatrix},$$

$$\boldsymbol{A}(t)\boldsymbol{\varphi}_2(t)=\begin{pmatrix}\cos^2 t & \dfrac{1}{2}\sin 2t-1\\ \dfrac{1}{2}\sin 2t+1 & \sin^2 t\end{pmatrix}\begin{pmatrix}-\sin t\\ \cos t\end{pmatrix}=\begin{pmatrix}-\cos t\\ -\sin t\end{pmatrix}=\boldsymbol{\varphi}_2'(t),$$

这表示 $\boldsymbol{\varphi}_2(t)$ 也是一个解. 因此，$\boldsymbol{\Phi}(t)=\big(\boldsymbol{\varphi}_1(t),\ \boldsymbol{\varphi}_2(t)\big)$ 是解矩阵.

其次，根据**定理 3.4***，因为 $|\boldsymbol{\Phi}(t)|=e^t\neq 0$，所以 $\boldsymbol{\Phi}(t)$ 是基解矩阵.

（2）由（1）知 $\boldsymbol{\Phi}(t)$ 是 $\dfrac{\mathrm{d}\boldsymbol{x}}{\mathrm{d}t}=\boldsymbol{A}(t)\boldsymbol{x}$ 的基解矩阵，取 $\boldsymbol{\Phi}(t)$ 的逆有

$$\boldsymbol{\Phi}^{-1}(t)=\begin{pmatrix}\mathrm{e}^{-t}\cos t & \mathrm{e}^{-t}\sin t\\ -\sin t & \cos t\end{pmatrix}.$$

由常数变易公式（3.16）可得，满足初值条件 $\boldsymbol{x}(0)=(-1,\ 2)^{\mathrm{T}}$ 的解就是

$$\begin{aligned}\boldsymbol{x}(t)&=\boldsymbol{\Phi}(t)\boldsymbol{\Phi}^{-1}(0)\boldsymbol{x}(0)+\boldsymbol{\Phi}(t)\int_0^t\boldsymbol{\Phi}^{-1}(s)\boldsymbol{G}(s)\mathrm{d}s\\
&=\begin{pmatrix}\mathrm{e}^t\cos t & -\sin t\\ \mathrm{e}^t\sin t & \cos t\end{pmatrix}\begin{pmatrix}1 & 0\\ 0 & 1\end{pmatrix}\begin{pmatrix}-1\\ 2\end{pmatrix}+\begin{pmatrix}\mathrm{e}^t\cos t & -\sin t\\ \mathrm{e}^t\sin t & \cos t\end{pmatrix}\int_0^t\begin{pmatrix}\mathrm{e}^{-t}\cos s & \mathrm{e}^{-t}\sin s\\ -\sin s & \cos s\end{pmatrix}\begin{pmatrix}\cos s\\ \sin s\end{pmatrix}\mathrm{d}s\\
&=\begin{pmatrix}-\mathrm{e}^t\cos t-2\sin t\\ -\mathrm{e}^t\sin t+2\cos t\end{pmatrix}+\begin{pmatrix}\mathrm{e}^t\cos t & -\sin t\\ \mathrm{e}^t\sin t & \cos t\end{pmatrix}\begin{pmatrix}1-\mathrm{e}^{-t}\\ 0\end{pmatrix}\\
&=\begin{pmatrix}-\mathrm{e}^t\cos t-2\sin t\\ -\mathrm{e}^t\sin t+2\cos t\end{pmatrix}+\begin{pmatrix}\mathrm{e}^t\cos t-\cos t\\ \mathrm{e}^t\sin t-\sin t\end{pmatrix}\\
&=\begin{pmatrix}-2\sin t-\cos t\\ 2\cos t-\sin t\end{pmatrix}.\end{aligned}$$

习题 3.2

1. 验证

$$\boldsymbol{\Phi}(t)=\begin{pmatrix} t^2 & t \\ 2t & 1 \end{pmatrix}$$

是齐次方程组 $\dfrac{\mathrm{d}\boldsymbol{x}}{\mathrm{d}t}=\boldsymbol{A}(t)\boldsymbol{x}$ 在任何不包含原点的区间 $[a,b]$ 上的基解矩阵，其中 $\boldsymbol{A}(t)=\begin{pmatrix} 0 & 1 \\ -\dfrac{2}{t^2} & \dfrac{2}{t} \end{pmatrix}$.

2. 证明非齐次线性方程组 $\dfrac{\mathrm{d}\boldsymbol{x}}{\mathrm{d}t}=\boldsymbol{A}(t)\boldsymbol{x}+\boldsymbol{G}(\mathrm{t})$ 满足初值条件 $\boldsymbol{x}(t_0)=\boldsymbol{x}_0$ 的解的唯一性等价于齐次方程组 $\dfrac{\mathrm{d}\boldsymbol{x}}{\mathrm{d}t}=\boldsymbol{A}(t)\boldsymbol{x}$ 满足初值条件 $\boldsymbol{x}(t_0)=\boldsymbol{0}$ 的零解的唯一性.

3. 证明非齐次线性微分方程组的叠加原理：设 $\boldsymbol{x}_1(t),\boldsymbol{x}_2(t)$ 分别是方程组

$$\frac{\mathrm{d}\boldsymbol{x}(t)}{\mathrm{d}t}=\boldsymbol{A}(t)\boldsymbol{x}(t)+\boldsymbol{G}_1(t) \text{ 和 } \frac{\mathrm{d}\boldsymbol{x}(t)}{\mathrm{d}t}=\boldsymbol{A}(t)\boldsymbol{x}(t)+\boldsymbol{G}_2(t)$$

的解，则 $\boldsymbol{x}_1(t)+\boldsymbol{x}_2(t)$ 是方程组 $\dfrac{\mathrm{d}\boldsymbol{x}(t)}{\mathrm{d}t}=\boldsymbol{A}(t)\boldsymbol{x}(t)+\boldsymbol{G}_1(t)+\boldsymbol{G}_2(t)$ 的解.

4. 已知方程组

$$\begin{cases} x_1'=\dfrac{x_1}{t}-x_2+t \\ x_2'=\dfrac{x_1}{t^2}+\dfrac{2x_2}{t}-t^2 \end{cases}$$

对应的齐次方程组有解 $x_1=t^2,x_2=-t$，求其通解.

3.3 常系数线性微分方程组

由定理 3.5*和定理 3.11 可知，要求得线性方程组的解，关键是求对应齐次线性方程组的基解矩阵. 对于一般的齐次线性方程组 $\boldsymbol{x}'=\boldsymbol{A}(t)\boldsymbol{x}$，求其基解矩阵较困难，至今无一般方法. 然而，对于常系数线性微分方程组，

$$\boldsymbol{x}'=\boldsymbol{A}\boldsymbol{x}\,, \tag{3.17}$$

其中，$\boldsymbol{A}=(a_{ij})_{n\times n}$ 是 n 阶实常数矩阵，其基解矩阵可通过代数知识求得.

3.3.1 标准基解矩阵

首先，借助矩阵指数函数的知识，给出方程组（3.17）的标准基解矩阵.

定义矩阵指数 e^{A} 如下：

$$\mathrm{e}^{\boldsymbol{A}}=\boldsymbol{I}+\boldsymbol{A}+\frac{\boldsymbol{A}^{2}}{2!}+\cdots+\frac{\boldsymbol{A}^{n}}{n!}+\cdots=\sum_{m=0}^{\infty}\frac{\boldsymbol{A}^{m}}{m!},$$

其中，$\boldsymbol{I}$ 是 n 阶单位矩阵，规定 $0!=1, \boldsymbol{A}^{0}=\boldsymbol{I}$.

注意到，对于任意的正整数 m，成立 $\left\|\frac{\boldsymbol{A}^{m}}{m!}\right\| \leqslant \frac{\|\boldsymbol{A}\|^{m}}{m!}$，其中 $\|\boldsymbol{A}\|=\sum_{i, j=1}^{n}\left|a_{ij}\right|$ 是确定的实数. 根据比值判别法的极限形式知 $\sum_{m=0}^{\infty}\frac{\|\boldsymbol{A}\|^{m}}{m!}$ 是收敛的，从而级数 $\sum_{m=0}^{\infty}\frac{\boldsymbol{A}^{m}}{m!}$ 是绝对收敛的. 因此，矩阵指数 $\mathrm{e}^{\boldsymbol{A}}$ 的定义是有效的.

类似地，可以证明矩阵指数函数

$$\mathrm{e}^{\boldsymbol{A}t}=\sum_{m=0}^{\infty}\frac{\boldsymbol{A}^{m}t^{m}}{m!}$$

在 t 的任意有限区间上是一致收敛的.

根据矩阵指数的定义，对于任意的 n 阶方阵 $\boldsymbol{A}, \boldsymbol{B}$，容易证明其具有如下性质：

（1）若 $\boldsymbol{A}, \boldsymbol{B}$ 可交换，即 $\boldsymbol{AB}=\boldsymbol{BA}$，则 $\mathrm{e}^{\boldsymbol{A}+\boldsymbol{B}}=\mathrm{e}^{\boldsymbol{A}}\mathrm{e}^{\boldsymbol{B}}=\mathrm{e}^{\boldsymbol{B}}\mathrm{e}^{\boldsymbol{A}}$.

（2）$\mathrm{e}^{\boldsymbol{A}}$ 可逆，且 $(\mathrm{e}^{\boldsymbol{A}})^{-1}=\mathrm{e}^{-\boldsymbol{A}}$.

（3）若 $\boldsymbol{P}$ 可逆，则 $e^{\boldsymbol{P}^{-1}\boldsymbol{AP}}=\boldsymbol{P}^{-1}e^{\boldsymbol{A}}\boldsymbol{P}$.

定理 3.12 常系数线性微分方程组（3.17）有标准基解矩阵 $\boldsymbol{\Phi}(t)=\mathrm{e}^{\boldsymbol{A}t}$，满足 $\boldsymbol{\Phi}(0)=\boldsymbol{I}$.

证明

$$\boldsymbol{\Phi}(t)=e^{\boldsymbol{A}t}=\boldsymbol{I}+\boldsymbol{A}t+\frac{\boldsymbol{A}^{2}t^{2}}{2!}+\cdots+\frac{\boldsymbol{A}^{n}t^{n}}{n!}+\cdots$$

对上式关于 t 求导得

$$\begin{aligned}\boldsymbol{\Phi}'(t)&=\boldsymbol{A}+\frac{\boldsymbol{A}^{2}t}{1!}+\frac{\boldsymbol{A}^{3}t^{2}}{2!}\cdots+\frac{\boldsymbol{A}^{n}t^{n-1}}{(n-1)!}+\cdots\\&=\boldsymbol{A}\left(\boldsymbol{I}+\boldsymbol{A}t+\frac{\boldsymbol{A}^{2}t^{2}}{2!}+\cdots+\frac{\boldsymbol{A}^{n-1}t^{n-1}}{(n-1)!}+\cdots\right)\\&=\boldsymbol{A}\mathrm{e}^{\boldsymbol{A}t}=\boldsymbol{A}\boldsymbol{\Phi}(t),\end{aligned}$$

所以，$\boldsymbol{\Phi}(t)$ 是线性微分方程组（3.17）的解矩阵. 又因为

$$|\boldsymbol{\Phi}(0)|=|\boldsymbol{I}|=1\neq 0,$$

从而，$\boldsymbol{\Phi}(t)$ 是线性微分方程组（3.17）的标准基解矩阵. 证毕.

注 3.4 由定理 3.5*和定理 3.11 可得：

（1）常系数齐次线性微分方程组（3.17）的通解为

$$\boldsymbol{x}(t)=\mathrm{e}^{\boldsymbol{A}t}\boldsymbol{c},$$

其中，$\boldsymbol{c}$ 是任意的 n 维常数列向量.

（2）常系数非齐次线性微分方程组

$$\boldsymbol{x}'=\boldsymbol{A}\boldsymbol{x}+\boldsymbol{G}(t) \tag{3.18}$$

的通解为

$$\boldsymbol{x}(t)=\mathrm{e}^{\boldsymbol{A}t}\boldsymbol{c}+\int_{t_0}^{t}\mathrm{e}^{\boldsymbol{A}(t-s)}\boldsymbol{G}(s)\mathrm{d}s,$$

其中，$\boldsymbol{c}$ 是任意的 n 维常数列向量. 若初值条件为 $\boldsymbol{x}(t_0)=\boldsymbol{\eta}$，则（3.18）的初值解为

$$\boldsymbol{x}(t)=\mathrm{e}^{\boldsymbol{A}(t-t_0)}\boldsymbol{\eta}+\int_{t_0}^{t}\mathrm{e}^{\boldsymbol{A}(t-s)}\boldsymbol{G}(s)\mathrm{d}s.$$

例 3.3 试求方程组 $\boldsymbol{x}'=\boldsymbol{A}\boldsymbol{x}$ 的基解矩阵，其中 $\boldsymbol{A}$ 是对角阵

$$\boldsymbol{A}=\begin{pmatrix}\alpha_1 & & & \\ & \alpha_2 & & \\ & & \ddots & \\ & & & \alpha_n\end{pmatrix}.$$

解

$$\mathrm{e}^{\boldsymbol{A}t}=\boldsymbol{I}+\begin{pmatrix}\alpha_1 & & & \\ & \alpha_2 & & \\ & & \ddots & \\ & & & \alpha_n\end{pmatrix}\frac{t}{1!}+\begin{pmatrix}\alpha_1^2 & & & \\ & \alpha_2^2 & & \\ & & \ddots & \\ & & & \alpha_n^2\end{pmatrix}\frac{t^2}{2!}+\cdots+\begin{pmatrix}\alpha_1^n & & & \\ & \alpha_2^n & & \\ & & \ddots & \\ & & & \alpha_n^n\end{pmatrix}\frac{t^n}{n!}+\cdots$$

$$=\begin{pmatrix}\mathrm{e}^{\alpha_1 t} & & & \\ & \mathrm{e}^{\alpha_2 t} & & \\ & & \ddots & \\ & & & \mathrm{e}^{\alpha_n t}\end{pmatrix},$$

由定理 3.12 可知，$\mathrm{e}^{\boldsymbol{A}t}$ 是一个基解矩阵.

例 3.4 试求方程组 $\boldsymbol{x}'=\boldsymbol{A}\boldsymbol{x}$ 的基解矩阵，其中 $\boldsymbol{A}$ 是若尔当（Jordan）块矩阵

$$\boldsymbol{A}=\begin{pmatrix}3 & 1\\ 0 & 3\end{pmatrix}.$$

解 $\boldsymbol{A}$ 可以写成如下形式：

$$A=\begin{pmatrix}3&1\\0&3\end{pmatrix}=\begin{pmatrix}3&0\\0&3\end{pmatrix}+\begin{pmatrix}0&1\\0&0\end{pmatrix}.$$

由$\begin{pmatrix}3&0\\0&3\end{pmatrix}$与$\begin{pmatrix}0&1\\0&0\end{pmatrix}$可交换，可得

$$\begin{aligned}e^{At}&=\exp\begin{pmatrix}3&0\\0&3\end{pmatrix}t\cdot\exp\begin{pmatrix}0&1\\0&0\end{pmatrix}t\\&=\begin{pmatrix}e^{3t}&0\\0&e^{3t}\end{pmatrix}\cdot\left(I+\begin{pmatrix}0&1\\0&0\end{pmatrix}t+\begin{pmatrix}0&1\\0&0\end{pmatrix}^2\frac{t^2}{2!}+\cdots+\begin{pmatrix}0&1\\0&0\end{pmatrix}^n\frac{t^n}{n!}+\cdots\right).\end{aligned}$$

由于$\begin{pmatrix}0&1\\0&0\end{pmatrix}^j=\begin{pmatrix}0&0\\0&0\end{pmatrix}, j\geqslant 2$. 从而，基解矩阵为

$$e^{At}=e^{3t}\begin{pmatrix}1&t\\0&1\end{pmatrix}.$$

一般地，若 A 为 n 阶若尔当块矩阵，

$$A=\begin{pmatrix}\alpha&1&&\\&\alpha&\ddots&\\&&\ddots&1\\&&&\alpha\end{pmatrix},$$

则方程组 $x'=Ax$ 的标准基解矩阵为

$$e^{At}=e^{(\alpha I+Z)t}=e^{\alpha It}e^{Zt}=e^{\alpha t}e^{Zt}=e^{\alpha t}\begin{pmatrix}1&t&\frac{t^2}{2!}&\cdots&\frac{t^{n-1}}{(n-1)!}\\&1&t&\cdots&\frac{t^{n-2}}{(n-2)!}\\&&1&\ddots&\vdots\\&&&\ddots&t\\&&&&1\end{pmatrix}.$$

例 3.5 试求方程组 $x'=Ax+G(t)$ 满足初值条件 $x(0)=(0\ \ 1)^{\mathrm{T}}$ 的解，其中

$$A=\begin{pmatrix}3&1\\0&3\end{pmatrix},\ G(t)=\begin{pmatrix}e^{-t}\\0\end{pmatrix}.$$

解 由例 3.4 可知，对应的齐次方程组 $x'=Ax$ 有基解矩阵

$$\Phi(t)=e^{3t}\begin{pmatrix}1&t\\0&1\end{pmatrix},$$

因此

$$\boldsymbol{\Phi}(0)=\begin{pmatrix}1 & 0\\ 0 & 1\end{pmatrix},\ \boldsymbol{\Phi}^{-1}(0)=\begin{pmatrix}1 & 0\\ 0 & 1\end{pmatrix},$$

$$\mathrm{e}^{At}=\boldsymbol{\Phi}(\mathrm{t})\ \boldsymbol{\Phi}^{-1}(0)=\mathrm{e}^{3t}\begin{pmatrix}1 & t\\ 0 & 1\end{pmatrix}.$$

由常数变易公式可得

$$\begin{aligned}
\boldsymbol{x}(t)&=\mathrm{e}^{At}\boldsymbol{x}(0)+\int_0^t \mathrm{e}^{A(t-s)}\begin{pmatrix}\mathrm{e}^{-s}\\ 0\end{pmatrix}\mathrm{d}s\\
&=\mathrm{e}^{3t}\begin{pmatrix}1 & t\\ 0 & 1\end{pmatrix}\begin{pmatrix}0\\ 1\end{pmatrix}+\int_0^t \mathrm{e}^{3(t-s)}\begin{pmatrix}1 & t-s\\ 0 & 1\end{pmatrix}\begin{pmatrix}\mathrm{e}^{-s}\\ 0\end{pmatrix}\mathrm{d}s\\
&=\mathrm{e}^{3t}\begin{pmatrix}t\\ 1\end{pmatrix}+\int_0^t \mathrm{e}^{3(t-s)}\begin{pmatrix}\mathrm{e}^{-s}\\ 0\end{pmatrix}\mathrm{d}s\\
&=\mathrm{e}^{3t}\begin{pmatrix}t\\ 1\end{pmatrix}+\mathrm{e}^{3t}\begin{pmatrix}-\dfrac{1}{4}\mathrm{e}^{-4t}+\dfrac{1}{4}\\ 0\end{pmatrix}\\
&=\mathrm{e}^{3t}\begin{pmatrix}-\dfrac{1}{4}e^{-4t}+t+\dfrac{1}{4}\\ 1\end{pmatrix}.
\end{aligned}$$

从例 3.3 和例 3.4 不难发现，只有当 $\boldsymbol{A}$ 比较特殊时，才能根据定义计算 $\boldsymbol{x}'=\boldsymbol{A}\boldsymbol{x}$ 的标准基解矩阵 e^{At}. 那么，对于一般的系数矩阵 $\boldsymbol{A}$，该如何计算方程组的基解矩阵和标准基解矩阵呢？

3.3.2 基解矩阵的计算方法

首先，讨论当 $\boldsymbol{A}$ 有 n 个线性无关的特征向量时，方程组（3.17）的基解矩阵的计算方法. 特别地，$\boldsymbol{A}$ 的特征根均是单根就是这种情形.

定理 3.13 如果矩阵 $\boldsymbol{A}$ 具有 n 个线性无关的特征向量 $\boldsymbol{v}_1,\boldsymbol{v}_2,\cdots,\boldsymbol{v}_n$，它们对应的特征值分别为 $\lambda_1,\lambda_2,\cdots,\lambda_n$（不必互异），则矩阵

$$\boldsymbol{\Phi}(t)=(\mathrm{e}^{\lambda_1 t}\boldsymbol{v}_1,\mathrm{e}^{\lambda_2 t}\boldsymbol{v}_2,\cdots,\mathrm{e}^{\lambda_n t}\boldsymbol{v}_n)$$

是方程组（3.17）的一个基解矩阵.

证明 由矩阵 $\boldsymbol{A}$ 具有 n 个线性无关的特征向量 $\boldsymbol{v}_1,\boldsymbol{v}_2,\cdots,\boldsymbol{v}_n$，且它们对应的特征值分别为 $\lambda_1,\lambda_2,\cdots,\lambda_n$ 可得

$$\boldsymbol{A}\boldsymbol{v}_j=\lambda_j\boldsymbol{v}_j,\ j=1,2,\cdots,n.$$

从而

$$(\mathrm{e}^{\lambda_j t}\boldsymbol{v}_j)' = \mathrm{e}^{\lambda_j t}\lambda_j \boldsymbol{v}_j = \mathrm{e}^{\lambda_j t}\boldsymbol{A}\boldsymbol{v}_j = \boldsymbol{A}\mathrm{e}^{\lambda_j t}\boldsymbol{v}_j .$$

因此，矩阵 $\boldsymbol{\Phi}(t)$ 的每一个列向量 $\mathrm{e}^{\lambda_j t}\boldsymbol{v}_j$ 是方程组（3.17）的一个解．则 $\boldsymbol{\Phi}(t)$ 是方程组（3.17）的解矩阵.

由于特征向量 $\boldsymbol{v}_1,\boldsymbol{v}_2,\cdots,\boldsymbol{v}_n$ 线性无关，因此

$$\left|\boldsymbol{\Phi}(0)\right| = \left|(\boldsymbol{v}_1,\boldsymbol{v}_2,\cdots,\boldsymbol{v}_n)\right| \neq 0 .$$

因此由定理 3.4*可知，矩阵

$$\boldsymbol{\Phi}(t) = (\mathrm{e}^{\lambda_1 t}\boldsymbol{v}_1,\mathrm{e}^{\lambda_2 t}\boldsymbol{v}_2,\cdots,\mathrm{e}^{\lambda_n t}\boldsymbol{v}_n)$$

是方程组（3.17）的一个基解矩阵．证毕.

例 3.6 求方程组

$$\boldsymbol{x}' = \begin{pmatrix} 3 & 5 \\ -5 & 3 \end{pmatrix}\boldsymbol{x}$$

的一个基解矩阵.

解 记

$$\boldsymbol{A} = \begin{pmatrix} 3 & 5 \\ -5 & 3 \end{pmatrix},$$

首先，求 $\boldsymbol{A}$ 的特征值.

$$\det\left(\lambda\boldsymbol{I}-\boldsymbol{A}\right) = \begin{vmatrix} \lambda-3 & -5 \\ 5 & \lambda-3 \end{vmatrix} = \lambda^2 - 6\lambda + 34 = 0 ,$$

解得 $\lambda_1 = 3+5i, \lambda_2 = 3-5i$. 设特征值 λ_1 所对应的特征向量为

$$\boldsymbol{u} = \begin{pmatrix} u_1 \\ u_2 \end{pmatrix},$$

则

$$(\lambda_1\boldsymbol{I}-\boldsymbol{A})\boldsymbol{u} = \begin{pmatrix} 5i & -5 \\ 5 & 5i \end{pmatrix}\begin{pmatrix} u_1 \\ u_2 \end{pmatrix} = \boldsymbol{0} ,$$

u_1,u_2 满足方程

$$\begin{cases} iu_1 - u_2 = 0, \\ u_1 + iu_2 = 0, \end{cases}$$

解得

$$\boldsymbol{u} = \begin{pmatrix} 1 \\ i \end{pmatrix},$$

同理，设特征值 λ_2 所对应的特征向量为

$$\hat{\boldsymbol{u}} = \begin{pmatrix} u_3 \\ u_4 \end{pmatrix},$$

则

$$(\lambda_2 \boldsymbol{I} - \boldsymbol{A})\hat{\boldsymbol{u}} = \begin{pmatrix} -5i & -5 \\ 5 & -5i \end{pmatrix}\begin{pmatrix} u_3 \\ u_4 \end{pmatrix} = \boldsymbol{0},$$

解得

$$\hat{\boldsymbol{u}} = \begin{pmatrix} i \\ 1 \end{pmatrix},$$

再根据定理 3.13 得

$$\boldsymbol{\Psi}(t) = \begin{pmatrix} \mathrm{e}^{(3+5\mathrm{i})t} & \mathrm{i}\mathrm{e}^{(3-5\mathrm{i})t} \\ \mathrm{i}\mathrm{e}^{(3+5\mathrm{i})t} & \mathrm{e}^{(3-5\mathrm{i})t} \end{pmatrix},$$

是方程组的一个基解矩阵.

由上例发现，对于实系数矩阵 A，其特征值可能为复数，与之对应的特征向量也可能是复值向量，从而对应方程组的解可能是复值向量函数. 容易证明，方程组（3.17）的复值向量函数 $\boldsymbol{x}(t) = \boldsymbol{\alpha}(t) + \mathrm{i}\boldsymbol{\beta}(t)$ 的实部 $\boldsymbol{\alpha}(t)$、虚部 $\boldsymbol{\beta}(t)$ 和共轭复值向量函数 $\boldsymbol{x}(t) = \boldsymbol{\alpha}(t) - \mathrm{i}\boldsymbol{\beta}(t)$ 均是该方程组的解.

一般来说，定理 3.13 求出的基解矩阵 $\boldsymbol{\Phi}(t)$ 不一定是标准基解矩阵 $\mathrm{e}^{\boldsymbol{A}t}$，如例 3.6. 根据定理 3.7 可得 $\mathrm{e}^{\boldsymbol{A}t} = \boldsymbol{\Phi}(t)\boldsymbol{C}$，令 $t = 0$，从而 $\boldsymbol{C} = \boldsymbol{\Phi}^{-1}(0)$，故可得

$$\mathrm{e}^{\boldsymbol{A}t} = \boldsymbol{\Phi}(t)\boldsymbol{\Phi}^{-1}(0).$$

由上面公式，可得例 3.6 的标准基解矩阵为

$$\begin{aligned}\mathrm{e}^{\boldsymbol{A}t} &= \begin{pmatrix} \mathrm{e}^{(3+5\mathrm{i})t} & \mathrm{i}\mathrm{e}^{(3-5\mathrm{i})t} \\ \mathrm{i}\mathrm{e}^{(3+5\mathrm{i})t} & \mathrm{e}^{(3-5\mathrm{i})t} \end{pmatrix}\begin{pmatrix} 1 & \mathrm{i} \\ \mathrm{i} & 1 \end{pmatrix}^{-1} = \frac{1}{2}\begin{pmatrix} \mathrm{e}^{(3+5\mathrm{i})t} & \mathrm{i}\mathrm{e}^{(3-5\mathrm{i})t} \\ \mathrm{i}\mathrm{e}^{(3+5\mathrm{i})t} & \mathrm{e}^{(3-5\mathrm{i})t} \end{pmatrix}\begin{pmatrix} 1 & -\mathrm{i} \\ -\mathrm{i} & 1 \end{pmatrix} \\ &= \mathrm{e}^{3t}\begin{pmatrix} \cos 5t & \sin 5t \\ -\sin 5t & \cos 5t \end{pmatrix}.\end{aligned}$$

值得注意的是，当 $\boldsymbol{A}$ 是实矩阵时，$\boldsymbol{\Phi}(t)$ 不一定是实矩阵，但是标准基解矩阵 $\mathrm{e}^{\boldsymbol{A}t}$ 一定是实矩阵.

如果方程组（3.17）的系数矩阵 $\boldsymbol{A}$ 具有 n 个不同的特征值，其对应的特征向量为 $\boldsymbol{v}_1, \boldsymbol{v}_2, \cdots, \boldsymbol{v}_n$，则由定理 3.13 可知，矩阵

$$\boldsymbol{\Phi}(t) = (\mathrm{e}^{\lambda_1 t}\boldsymbol{v}_1, \mathrm{e}^{\lambda_2 t}\boldsymbol{v}_2, \cdots, \mathrm{e}^{\lambda_n t}\boldsymbol{v}_n)$$

是方程组（3.17）的一个基解矩阵. 但是，若系数矩阵 $\boldsymbol{A}$ 的特征值有重根时，不一定具有 n 个线性无关的特征向量，因此定理 3.13 不适用.

假设矩阵 $\boldsymbol{A}$ 有 m 个互异的特征值 $\lambda_1, \lambda_2, \cdots, \lambda_m$，它们的重数分别为 $n_1, n_2, \cdots, n_m$，显然

$n_1+n_2+\cdots+n_m=n$. 对于 n_j 重特征值 λ_j，其对应的线性无关的特征向量的个数 r_j 将小于或等于 n_j. 若 r_j 等于 n_j，则特征向量的求解方法与只具有简单特征根的情形类似. 若 r_j 小于 n_j，也可求出 n_j 个线性无关的特征向量，常称之为广义特征向量. 以这些特征向量作为列构成满秩矩阵 $\boldsymbol{Q}$，可将矩阵 $\boldsymbol{A}$ 化为若尔当标准型.

引入可逆线性变换 $\boldsymbol{x}=\boldsymbol{Q}\boldsymbol{y}$，则方程组（3.17）可化为

$$\boldsymbol{y}'=\boldsymbol{Q}^{-1}\boldsymbol{A}\boldsymbol{Q}\boldsymbol{y}=\boldsymbol{J}\boldsymbol{y},$$

其中，

$$\boldsymbol{Q}^{-1}\boldsymbol{A}\boldsymbol{Q}=\boldsymbol{J}=\begin{pmatrix}\boldsymbol{J}_1 & & & \\ & \boldsymbol{J}_2 & & \\ & & \ddots & \\ & & & \boldsymbol{J}_m\end{pmatrix}.$$

上面矩阵中未标出的均是零元，且

$$\boldsymbol{J}_j=\begin{pmatrix}\lambda_j & 1 & & \\ & \lambda_j & \ddots & \\ & & \ddots & 1 \\ & & & \lambda_j\end{pmatrix},\ j=1,2,\cdots,m$$

是 n_j 阶若尔当块，可记为

$$\boldsymbol{J}_j=\lambda_j\boldsymbol{I}+\boldsymbol{Z},\ j=1,2,\cdots,m,$$

其中，$\lambda_j\boldsymbol{I}$ 为对角阵，$\boldsymbol{Z}$ 为幂零矩阵，即

$$\boldsymbol{Z}=\begin{pmatrix}0 & 1 & & \\ & 0 & \ddots & \\ & & \ddots & 1 \\ & & & 0\end{pmatrix},\ \boldsymbol{Z}^2=\begin{pmatrix}0 & 0 & 1 & & \\ & \ddots & \ddots & \ddots & \\ & & \ddots & \ddots & 1 \\ & & & \ddots & 0 \\ & & & & 0\end{pmatrix},\cdots,\boldsymbol{Z}^k=\boldsymbol{0}_{n_j\times n_j},\ \forall k\geqslant n_j.$$

由定理 3.12 和矩阵指数函数性质可知，方程组（3.17）有标准基解矩阵 $\mathrm{e}^{\boldsymbol{A}t}=\mathrm{e}^{\boldsymbol{Q}\boldsymbol{J}\boldsymbol{Q}^{-1}t}=\boldsymbol{Q}\mathrm{e}^{\boldsymbol{J}t}\boldsymbol{Q}^{-1}$，因此 $\mathrm{e}^{\boldsymbol{A}t}\boldsymbol{Q}=\boldsymbol{Q}\mathrm{e}^{\boldsymbol{J}t}$. 由于矩阵 $\boldsymbol{Q}$ 可逆，所以矩阵 $\mathrm{e}^{\boldsymbol{A}t}\boldsymbol{Q}$（即 $\boldsymbol{Q}\mathrm{e}^{\boldsymbol{J}t}$）也是方程组（3.17）的基解矩阵. 因此，只需求得矩阵 $\boldsymbol{Q}\mathrm{e}^{\boldsymbol{J}t}$ 的每个列向量表达式，就可得到基解矩阵，进而得到标准基解矩阵 $\mathrm{e}^{\boldsymbol{A}t}$. 记

$$\boldsymbol{Q}=(\boldsymbol{Q}_1,\boldsymbol{Q}_2,\cdots,\boldsymbol{Q}_m),$$

其中，$\boldsymbol{Q}_j=(\boldsymbol{p}_1,\boldsymbol{p}_2,\cdots,\boldsymbol{p}_{n_j})$ 是 $\boldsymbol{Q}$ 的 $n\times n_j$ 子矩阵，由 n_j 个列向量构成.

接下来，研究 $\boldsymbol{Q}\mathrm{e}^{\boldsymbol{J}t}$ 的结构.

$$Q\mathrm{e}^{Jt}=(Q_1,Q_2,\cdots,Q_m)\begin{pmatrix}\mathrm{e}^{J_1t}&&&\\&\mathrm{e}^{J_2t}&&\\&&\ddots&\\&&&\mathrm{e}^{J_mt}\end{pmatrix}=(Q_1\mathrm{e}^{J_1t},Q_2\mathrm{e}^{J_2t},\cdots,Q_m\mathrm{e}^{J_mt})\,.$$

由 $J_j=\lambda_j I+Z,\ j=1,2,\cdots,m,$ 得

$$\mathrm{e}^{\lambda_j tI}=I+\begin{pmatrix}\lambda_j t&&\\&\ddots&\\&&\lambda_j t\end{pmatrix}+\frac{1}{2!}\begin{pmatrix}\lambda_j^2t^2&&\\&\ddots&\\&&\lambda_j^2t^2\end{pmatrix}+\cdots=\begin{pmatrix}\mathrm{e}^{\lambda_j t}&&\\&\ddots&\\&&\mathrm{e}^{\lambda_j t}\end{pmatrix}=\mathrm{e}^{\lambda_j t}I$$

和

$$\mathrm{e}^{tZ}=I+t\begin{pmatrix}0&1&&\\&0&\ddots&\\&&\ddots&1\\&&&0\end{pmatrix}+\frac{t^2}{2!}\begin{pmatrix}0&0&1&&\\&\ddots&\ddots&\ddots&\\&&\ddots&\ddots&1\\&&&\ddots&0\\&&&&0\end{pmatrix}+\cdots+\frac{t^{(n_j-1)}}{(n_j-1)!}\begin{pmatrix}0&\cdots&\cdots&0&1\\&0&\cdots&\cdots&0\\&&\ddots&&\vdots\\&&&\ddots&\vdots\\&&&&0\end{pmatrix}.$$

从而，得到

$$\mathrm{e}^{J_jt}=\mathrm{e}^{\lambda_j tI}\cdot\mathrm{e}^{tZ}=\mathrm{e}^{\lambda_j t}\begin{pmatrix}1&t&\frac{t^2}{2!}&\cdots&\frac{t^{(n_j-1)}}{(n_j-1)!}\\&1&t&\cdots&\frac{t^{(n_j-2)}}{(n_j-2)!}\\&&1&\ddots&\vdots\\&&&\ddots&t\\&&&&1\end{pmatrix}_{n_j\times n_j}.$$

于是

$$Q_j\mathrm{e}^{J_jt}=\mathrm{e}^{\lambda_j t}\left(p_1,tp_1+p_2,\cdots,\frac{t^{n_j-1}}{(n_j-1)!}p_1+\cdots+p_{n_j}\right),$$

即列向量分别为

$$\mathrm{e}^{\lambda_j t}p_1,\ \mathrm{e}^{\lambda_j t}(tp_1+p_2),\cdots,\mathrm{e}^{\lambda_j t}\left(\frac{t^{n_j-1}}{(n_j-1)!}p_1+\cdots+p_{n_j}\right).$$

换言之，$Q_j\mathrm{e}^{J_jt}$ 的列向量具有下列形式

$$x_j(t)=\mathrm{e}^{\lambda_j t}\left(c_0+\frac{t}{1!}c_1+\cdots+\frac{t^{n_j-1}}{(n_j-1)!}c_{n_j-1}\right),\tag{3.19}$$

其中，$\boldsymbol{c}_0,\boldsymbol{c}_1,\cdots,\boldsymbol{c}_{n_j-1}$是待定的系数向量，可以通过下面的定理确定.

定理 3.14 设λ_j是$\boldsymbol{A}$的n_j重特征根，则式（3.19）表示的向量函数$\boldsymbol{x}_j(t)$是齐次线性方程组（3.17）的非零解，当且仅当待定系数满足如下递推关系

$$\begin{cases}(\boldsymbol{A}-\lambda_j\boldsymbol{I})^{n_j}\boldsymbol{c}_0=\boldsymbol{0}, \quad \boldsymbol{c}_0\neq\boldsymbol{0}\\ \boldsymbol{c}_1=(\boldsymbol{A}-\lambda_j\boldsymbol{I})\boldsymbol{c}_0\\ \boldsymbol{c}_2=(\boldsymbol{A}-\lambda_j\boldsymbol{I})\boldsymbol{c}_1\\ \vdots\\ \boldsymbol{c}_{n_j-1}=(\boldsymbol{A}-\lambda_j\boldsymbol{I})\boldsymbol{c}_{n_j-2}\end{cases} \tag{3.20}$$

证明 将式（3.19）代入方程组（3.17）有

$$\boldsymbol{A}\boldsymbol{x}_j(t)=\boldsymbol{x}'_j(t)=\lambda_j\boldsymbol{x}_j(\mathrm{t})+\mathrm{e}^{\lambda_j t}\left(\boldsymbol{c}_1+\frac{t}{1!}\boldsymbol{c}_2+\cdots+\frac{t^{n_j-2}}{(n_j-2)!}\boldsymbol{c}_{n_j-1}\right),$$

得

$$(\boldsymbol{A}-\lambda_j\boldsymbol{I})\boldsymbol{x}_j(t)=\mathrm{e}^{\lambda_j t}\left(\boldsymbol{c}_1+\frac{t}{1!}\boldsymbol{c}_2+\cdots+\frac{t^{n_j-2}}{(n_j-2)!}\boldsymbol{c}_{n_j-1}\right),$$

两边同时消去$\mathrm{e}^{\lambda_j t}$，有

$$(\boldsymbol{A}-\lambda_j\boldsymbol{I})\left(\boldsymbol{c}_0+\frac{t}{1!}\boldsymbol{c}_1+\cdots+\frac{t^{n_j-1}}{(n_j-1)!}\boldsymbol{c}_{n_j-1}\right)=\boldsymbol{c}_1+\frac{t}{1!}\boldsymbol{c}_2+\cdots+\frac{t^{n_j-2}}{(n_j-2)!}\boldsymbol{c}_{n_j-1}.$$

比较同次幂的系数有

$$(\boldsymbol{A}-\lambda_j\boldsymbol{I})\boldsymbol{c}_0=\boldsymbol{c}_1,\cdots,(\boldsymbol{A}-\lambda_j\boldsymbol{I})\boldsymbol{c}_{n_j-2}=\boldsymbol{c}_{n_j-1},(\boldsymbol{A}-\lambda_j\boldsymbol{I})\boldsymbol{c}_{n_j-1}=\boldsymbol{0}.$$

因此，可以得$(\boldsymbol{A}-\lambda_j\boldsymbol{I})^n\boldsymbol{c}_0=\boldsymbol{c}_n(1\leqslant n\leqslant n_j-1)$且$(\boldsymbol{A}-\lambda_j\boldsymbol{I})^{n_j}\boldsymbol{c}_0=\boldsymbol{0}$，即式（3.20）成立. 若$\boldsymbol{c}_0=0$，则$\boldsymbol{c}_1=\boldsymbol{c}_2=\cdots=\boldsymbol{c}_{n_j-1}=\boldsymbol{0}$, 得到$\boldsymbol{x}_j(t)\equiv\boldsymbol{0}$. 因此，若$\boldsymbol{x}_j(t)\neq 0$，则$\boldsymbol{c}_0\neq 0$. 证毕.

定理 3.15 设$\lambda_1,\lambda_2,\cdots,\lambda_m$是$\boldsymbol{A}$的互不相同的特征根，重数分别为：$n_1,n_2,\cdots,n_m$, $(n_1+n_2+\cdots+n_m=n)$，则方程组（3.17）有基本解组

$$\begin{cases}\mathrm{e}^{\lambda_1 t}\boldsymbol{P}_1^{(1)}(t),\cdots,\mathrm{e}^{\lambda_1 t}\boldsymbol{P}_{n_1}^{(1)}(t),\\ \mathrm{e}^{\lambda_2 t}\boldsymbol{P}_1^{(2)}(t),\cdots,\mathrm{e}^{\lambda_2 t}\boldsymbol{P}_{n_2}^{(2)}(t),\\ \qquad\qquad\vdots\\ \mathrm{e}^{\lambda_m t}\boldsymbol{P}_1^{(m)}(t),\cdots,\mathrm{e}^{\lambda_m t}\boldsymbol{P}_{n_m}^{(m)}(t),\end{cases} \tag{3.21}$$

其中,

$$\boldsymbol{P}_j^{(i)}(t)=\boldsymbol{c}_{j0}^{(i)}+\frac{t}{1!}\boldsymbol{c}_{j1}^{(i)}+\cdots+\frac{t^{n_j-1}}{(n_j-1)!}\boldsymbol{c}_{j(n_j-1)}^{(i)},\ j=1,2,\cdots,n_i \tag{3.22}$$

是对应于 λ_i 的某个向量多项式，共有 n_i 个，且待定系数由定理 3.14 确定.

引入线性代数知识，记 $\boldsymbol{C}^n$ 为 n 维常数列向量所构成的线性空间.

引理 3.1 若矩阵 $\boldsymbol{A}$ 有 m 个互异的特征根 $\lambda_1,\lambda_2,\cdots,\lambda_m$，它们的重数分别为 $n_1,n_2,\cdots,n_m(n_1+n_2+\cdots+n_m=n)$，则成立：

（1）$\boldsymbol{V}_j=\{\boldsymbol{v}\in\boldsymbol{C}^n \mid (\boldsymbol{A}-\lambda_j\boldsymbol{I})^{n_j}\boldsymbol{v}=\boldsymbol{0}\}$ 是 $\boldsymbol{C}^n$ 的 n_j 维不变子空间，且在 $\boldsymbol{A}$ 的作用下不变.

（2）$\boldsymbol{C}^n$ 有直和分解 $\boldsymbol{C}^n=\boldsymbol{V}_1\oplus\boldsymbol{V}_2\oplus\cdots\oplus\boldsymbol{V}_m$.

注 3.5 零次项向量 $\boldsymbol{c}_{10}^{(i)},\cdots,\boldsymbol{c}_{n_i0}^{(i)}$ 是式（3.20）的第一个方程的 n_i 个线性无关解.

接下来，给出定理 3.15 的证明.

证明 由定理 3.14 知，式（3.21）中 n 个向量函数都是齐次线性方程组（3.17）的解. 下面验证这 n 个解线性无关. 记这 n 个解组成的解矩阵为 $\boldsymbol{\Phi}(t)$，则

$$\boldsymbol{\Phi}(0)=(\boldsymbol{c}_{10}^{(1)},\cdots,\boldsymbol{c}_{n_10}^{(1)},\boldsymbol{c}_{10}^{(2)},\cdots,\boldsymbol{c}_{n_20}^{(2)},\cdots,\boldsymbol{c}_{10}^{(m)},\cdots,\boldsymbol{c}_{n_m0}^{(m)})$$

完全由“零次项向量”组成. 由于 $\boldsymbol{V}_j=\{\boldsymbol{c}\in\boldsymbol{C}^n \mid (\boldsymbol{A}-\lambda_j\boldsymbol{I})^{n_j}\boldsymbol{c}=\boldsymbol{0}\}$ 是 n_j 维的，因此 $\boldsymbol{V}_j$ 的一组基是零次项向量组 $\boldsymbol{c}_{10}^{(j)}$，$\boldsymbol{c}_{20}^{(j)},\cdots$，$\boldsymbol{c}_{n_j0}^{(j)}$，从而 $\boldsymbol{\Phi}(0)$ 的列向量组是 $\boldsymbol{C}^n$ 的基，即线性无关，则朗斯基行列式 $|\boldsymbol{\Phi}(0)|\neq 0$. 从而 $|\boldsymbol{\Phi}(t)|\neq 0$. 于是，$\boldsymbol{\Phi}(t)$ 是方程组（3.17）的基解矩阵，即向量组（3.21）是方程组（3.17）的基本解组. 证毕.

例 3.7 求方程组

$$\boldsymbol{x}'=\begin{pmatrix}-1 & 1 & 0\\ 0 & -1 & 0\\ 1 & 0 & -4\end{pmatrix}\boldsymbol{x}$$

的通解.

解 记

$$\boldsymbol{A}=\begin{pmatrix}-1 & 1 & 0\\ 0 & -1 & 0\\ 1 & 0 & -4\end{pmatrix},$$

则特征方程为

$$\begin{vmatrix}-1-\lambda & 1 & 0\\ 0 & -1-\lambda & 0\\ 1 & 0 & -4-\lambda\end{vmatrix}=0，即 (1+\lambda)^2(\lambda+4)=0，$$

得到特征值 $\lambda_1=-4$（单根），二重特征根 $\lambda_2=-1$.

与 λ_1 对应的特征向量为

$$\boldsymbol{c}_1=\begin{pmatrix}0\\0\\1\end{pmatrix},$$

对于 $\lambda_2=-1$，求方程组 $(\boldsymbol{A}-\lambda_2\boldsymbol{I})^2\boldsymbol{c}=\boldsymbol{0}$ 的非零解，则

$$(\boldsymbol{A}-\lambda_2\boldsymbol{I})^2\boldsymbol{c}=\begin{pmatrix}0&1&0\\0&0&0\\1&0&-3\end{pmatrix}^2\boldsymbol{c}=\begin{pmatrix}0&0&0\\0&0&0\\-3&1&9\end{pmatrix}\boldsymbol{c}=\boldsymbol{0},$$

得到 $\lambda_2=-1$ 对应的两个线性无关解

$$\boldsymbol{c}_{20}=\begin{pmatrix}1\\3\\0\end{pmatrix},\ \boldsymbol{c}_{30}=\begin{pmatrix}0\\9\\-1\end{pmatrix},$$

代入（3.20）得

$$\boldsymbol{c}_{21}=(\boldsymbol{A}-\lambda_2\boldsymbol{I})\ \boldsymbol{c}_{20}=\begin{pmatrix}0&1&0\\0&0&0\\1&0&-3\end{pmatrix}\begin{pmatrix}1\\3\\0\end{pmatrix}=\begin{pmatrix}3\\0\\1\end{pmatrix},$$

$$\boldsymbol{c}_{31}=(\boldsymbol{A}-\lambda_2\boldsymbol{I})\ \boldsymbol{c}_{30}=\begin{pmatrix}0&1&0\\0&0&0\\1&0&-3\end{pmatrix}\begin{pmatrix}0\\9\\-1\end{pmatrix}=\begin{pmatrix}9\\0\\3\end{pmatrix}.$$

于是得到基解矩阵

$$\boldsymbol{\Phi}(t)=\left(\boldsymbol{c}_1\mathrm{e}^{\lambda_1 t},\mathrm{e}^{\lambda_2 t}\left(\boldsymbol{c}_{20}+\frac{t}{1!}\boldsymbol{c}_{21}\right),\mathrm{e}^{\lambda_2 t}\left(\boldsymbol{c}_{30}+\frac{t}{1!}\boldsymbol{c}_{31}\right)\right)=\begin{pmatrix}0&(1+3t)\mathrm{e}^{-t}&9t\mathrm{e}^{-t}\\0&3\mathrm{e}^{-t}&9\mathrm{e}^{-t}\\\mathrm{e}^{-4t}&t\mathrm{e}^{-t}&(3t-1)\mathrm{e}^{-t}\end{pmatrix}.$$

因此，所求通解为

$$\boldsymbol{x}(t)=C_1\begin{pmatrix}0\\0\\1\end{pmatrix}\mathrm{e}^{-4t}+C_2\begin{pmatrix}1+3t\\3\\t\end{pmatrix}\mathrm{e}^{-t}+C_3\begin{pmatrix}9t\\9\\3t-1\end{pmatrix}\mathrm{e}^{-t},$$

其中，C_1,C_2,C_3 为任意常数.

当 $t\to\infty$ 时，齐次线性方程组（3.17）的解具有如下的性态.

定理 3.16 如果方程组（3.17）的系数矩阵 $\boldsymbol{A}$ 的所有特征值都具有负实部，则当 $t\to\infty$ 时其任一解都趋于 0；如果至少有一个特征值具有正实部，则方程组（3.17）至少有一个解当 $t\to\infty$ 时趋于无穷.

证明 由定理 3.15 可知方程组（3.17）的任一解都可以用 t 的指数函数 $\mathrm{e}^{\lambda_j t}$ 与 t 的多项式向量函数 $\boldsymbol{P}_j(t)$ 的乘积 $\mathrm{e}^{\lambda_j t}\boldsymbol{P}_j(t)$ 的线性组合 $\sum_{j=1}^{n}\mathrm{C}_j\mathrm{e}^{\lambda_j t}\boldsymbol{P}_j(t)$ 来表示，其中 $\lambda_j=\alpha_j+i\beta_j$ 为 $\boldsymbol{A}$ 的特征值. 如果 $\mathrm{Re}\,\lambda_j=\alpha_j<0$，则一定有

$$\mathrm{e}^{\lambda_j t}\boldsymbol{P}_j(t)=\mathrm{e}^{\alpha_j t}\mathrm{e}^{\mathrm{i}\beta_j t}\boldsymbol{P}_j(t)\to\boldsymbol{0},t\to\infty.$$

因此，若系数矩阵 $\boldsymbol{A}$ 的所有特征值都具有负实部时，当 $t \to \infty$，方程组（3.17）的任一解都趋于 $\mathbf{0}$.

若系数矩阵 $\boldsymbol{A}$ 至少有一个特征值具有正实部. 不妨设 $\lambda_1 = \alpha_1 + \mathrm{i}\beta_1$ 具有正实部，即 $\mathrm{Re}\lambda_1 = \alpha_1 > 0$. 记 $\boldsymbol{\eta}$ 为 $\boldsymbol{A}$ 对应于特征值 λ_1 的特征向量，则向量函数 $\mathrm{e}^{\lambda_1 t}\boldsymbol{\eta}$ 是方程组（3.17）的一个解，当 $t \to \infty$ 时，

$$\left\|\mathrm{e}^{\lambda_1 t}\boldsymbol{\eta}\right\| = \mathrm{e}^{\alpha_1 t}\left\|\boldsymbol{\eta}\right\| \to \infty .$$

习题 3.3

1. 求方程组 $\boldsymbol{x}' = \boldsymbol{A}\boldsymbol{x}$ 的通解，其中

（1）$\boldsymbol{A} = \begin{pmatrix} 2 & -1 & 1 \\ 1 & 2 & -1 \\ 1 & -1 & 2 \end{pmatrix}$，　（2）$\boldsymbol{A} = \begin{pmatrix} -5 & -10 & -20 \\ 5 & 5 & 10 \\ 2 & 4 & 9 \end{pmatrix}$，

（3）$\boldsymbol{A} = \begin{pmatrix} -1 & 1 & 0 \\ 0 & -1 & 0 \\ 1 & 0 & -4 \end{pmatrix}$，　（4）$\boldsymbol{A} = \begin{pmatrix} -1 & 1 & 1 \\ 1 & -1 & 1 \\ 1 & 1 & -1 \end{pmatrix}$.

2. 求方程组 $\boldsymbol{x}' = \boldsymbol{A}\boldsymbol{x}$ 满足初值条件 $\boldsymbol{x}(0) = (1\ \ 0\ \ 0)^{\mathrm{T}}$ 的解，其中

$$\boldsymbol{A} = \begin{pmatrix} 1 & 2 & 1 \\ 1 & -1 & 1 \\ 2 & 0 & 1 \end{pmatrix}$$

3. 求方程组

$$\boldsymbol{x}' = \begin{pmatrix} 0 & 1 \\ 1 & 0 \end{pmatrix}\boldsymbol{x} + \begin{pmatrix} 2\mathrm{e}^{t} \\ t^2 \end{pmatrix}$$

的通解.

第 4 章

高阶微分方程

本章主要介绍二阶及二阶以上的高阶线性微分方程的一般理论和求解方法. 高阶线性微分方程可以化为等价的一阶线性微分方程组，这样就可把第 3 章的主要理论应用到本章中，得到一阶线性微分方程组的一般理论. 同时，在求解高阶常系数线性方程时，可以转换成常系数线性方程组来进行求解，但是推导过程并不简洁. 因此，本章会介绍一种新的求解方法，即直接由高阶方程导出的欧拉（Euler）待定指数函数法.

4.1 高阶线性微分方程的一般理论

4.1.1 与一阶线性微分方程组的关系

一般的 n 阶线性微分方程可以表示为

$$x^{(n)}+b_1(t)x^{(n-1)}+\cdots+b_{n-1}(t)x'+b_n(t)x=g(t)\ ,\qquad (4.1)$$

其中，$b_i(t)\ (i=1,2,\cdots,n)$, $g(t)$ 为 $[a,b]$ 上的连续函数. 初值条件设为

$$x(t_0)=x_0, x'(t_0)=x_0^{(1)},\cdots,x^{(n-1)}(t_0)=x_0^{(n-1)}, t_0\in[a,b]\ .\qquad (4.2)$$

若 $g(t)\equiv 0$，则方程（4.1）变为

$$x^{(n)}+b_1(t)x^{(n-1)}+\cdots+b_{n-1}(t)x'+b_n(t)x=0\ ,\qquad (4.3)$$

该方程被称为方程（4.1）对应的齐次方程.

接下来，我们将高阶线性微分方程（4.1）化为对应的一阶线性微分方程组. 令

$$x_1=x, x_2=x',\cdots,x_n=x^{(n-1)}\ ,$$

则方程（4.1）变为

$$\begin{cases} x_1' = x_2, \\ x_2' = x_3, \\ \quad \vdots \\ x_{n-1}' = x_n, \\ x_n' = -b_n(t)x_1 - b_{n-1}(t)x_2 - \cdots - b_1(t)x_n + g(t). \end{cases} \tag{4.4}$$

可写成向量形式：

$$\boldsymbol{x}' = \boldsymbol{B}(t)\boldsymbol{x} + \boldsymbol{G}(t) , \tag{4.5}$$

其中，

$$\boldsymbol{B}(t) = \begin{pmatrix} 0 & 1 & 0 & \cdots & 0 \\ 0 & 0 & 1 & \cdots & 0 \\ \vdots & \vdots & \vdots & & \vdots \\ 0 & 0 & 0 & \cdots & 1 \\ -b_n(t) & -b_{n-1}(t) & -b_{n-2}(t) & \cdots & -b_1(t) \end{pmatrix}, \quad \boldsymbol{x} = \begin{pmatrix} x_1 \\ x_2 \\ \vdots \\ x_n \end{pmatrix}, \quad \boldsymbol{G}(t) = \begin{pmatrix} 0 \\ 0 \\ \vdots \\ g(t) \end{pmatrix}.$$

初值条件（4.2）可以记为

$$\boldsymbol{x}(t_0) = \boldsymbol{x}_0 , \tag{4.6}$$

其中，

$$\boldsymbol{x}_0 = \begin{pmatrix} x_1(t_0) \\ x_2(t_0) \\ \vdots \\ x_{n-1}(t_0) \\ x_n(t_0) \end{pmatrix} = \begin{pmatrix} x(t_0) \\ x'(t_0) \\ \vdots \\ x^{(n-2)}(t_0) \\ x^{(n-1)}(t_0) \end{pmatrix} = \begin{pmatrix} x_0 \\ x_0^{(1)} \\ \vdots \\ x_0^{(n-2)} \\ x_0^{(n-1)} \end{pmatrix}.$$

齐次线性微分方程（4.3）可化为

$$\boldsymbol{x}' = \boldsymbol{B}(t)\boldsymbol{x} . \tag{4.7}$$

下面的引理说明高阶线性方程（4.1）与一阶线性方程组（4.5）在一定意义下是等价的.

引理 4.1 方程（4.1）与方程（4.5）在下列意义下是等价的：若 $x = \varphi(t)$ 是方程（4.1）在区间 $[a,b]$ 上的解，则

$$\boldsymbol{x} = \begin{pmatrix} \varphi(t) \\ \varphi'(t) \\ \vdots \\ \varphi^{(n-1)}(t) \end{pmatrix} \tag{4.8}$$

为方程组（4.5）在区间 $[a,b]$ 上的解；反之，若向量函数

$$\boldsymbol{x}(t)=\begin{pmatrix}x_1(t)\\x_2(t)\\\vdots\\x_n(t)\end{pmatrix}$$

是方程组（4.5）在区间 $[a,b]$ 上的解，则 $\boldsymbol{x}(t)$ 的第一个分量 $x=x_1(t)$ 为高阶方程（4.1）的解.

证明 设 $x=\varphi(t)$ 是方程（4.1）在区间 $[a,b]$ 上的解. 令

$$x_1=\varphi(t),\ x_2=\varphi'(t),\ x_3=\varphi''(t),\cdots,x_n=\varphi^{(n-1)}(t)\ ,$$

则下式显然成立：

$$\begin{cases}x_1'=x_2,\\x_2'=x_3,\\\quad\vdots\\x_n'=-b_n(t)x_1-b_{n-1}(t)x_2-\cdots-b_1(t)x_n+g(t),\end{cases}\qquad a\leqslant t\leqslant b\ ,$$

即

$$\boldsymbol{x}(t)=\begin{pmatrix}x_1(t)\\x_2(t)\\\vdots\\x_n(t)\end{pmatrix}=\begin{pmatrix}\varphi(t)\\\varphi'(t)\\\vdots\\\varphi^{(n-1)}(t)\end{pmatrix}\quad(a\leqslant t\leqslant b)$$

为方程组（4.5）在 $[a,b]$ 上的解.

反之，设向量函数

$$\boldsymbol{x}(t)=\begin{pmatrix}x_1(t)\\x_2(t)\\\vdots\\x_n(t)\end{pmatrix}\quad(a\leqslant t\leqslant b)\tag{4.9}$$

为（4.5）在 $[a,b]$ 上的解，则同样地由（4.5）可知向量函数中的每个分量可等价为

$$\begin{aligned}&x_1'(t)=x_2(t),x_2'(t)=x_3(t),\cdots,x_{n-1}'(t)=x_n(t),\\&x_n'(t)=-b_n(t)x_1-b_{n-1}(t)x_2,-\cdots-b_1(t)x_n+g(t).\end{aligned}$$

从而成立：

$$x_1^{(n)}(t)=(x_1^{(n-1)}(t))'=x_n'(t)=-b_n(t)x_1-b_{n-1}(t)x_1'(t)-\cdots-b_1(t)x_1^{(n-1)}+g(t)\ ,$$

即

$$x_1^{(n)}+b_1(t)x_1^{(n-1)}+\cdots+b_{n-1}(t)x_1'+b_n(t)x_1=g(t),\ \ a\leqslant t\leqslant b\ .$$

从上述式子可知向量函数 $\boldsymbol{x}(t)$ 的第一个分量 $x=x_1(t)$ 为方程（4.1）在区间 $[a,b]$ 上的解. 证毕.

由定理 3.1 及引理 4.1 可得方程（4.1）满足初值条件（4.2）的解的存在唯一性定理如下.

定理 4.1 如果方程（4.1）中的系数 $b_i(t)(i=1,2,\cdots,n)$ 及 $g(t)$ 在区间 $[a,b]$ 上有定义且连续，则对于 $[a,b]$ 上任一点 t_0 及任意给定的值 $x_0,x_0^{(1)},\cdots,x_0^{(n-1)}$，方程（4.1）的满足初值条件（4.2）的解在区间 $[a,b]$ 上存在而且唯一.

在本章之后各节的讨论中，都假设方程（4.1）中的系数 $b_i(t)(i=1,2,\cdots,n)$ 及 $g(t)$ 在区间 $[a,b]$ 上连续，从而满足初值条件（4.2）的方程（4.1）在整个区间 $[a,b]$ 上存在唯一解.

由引理 4.1 知，n 阶线性方程（4.1）的解 $x=\varphi(t)$ 与一阶线性方程组（4.5）的解是一一对应的. 由 3.2 节，已知方程组（4.5）的通解结构，即若已知（4.5）对应的齐次方程组（4.7）的 n 个线性无关的解 $\boldsymbol{x}_1(\mathrm{t}),\boldsymbol{x}_2(\mathrm{t}),\cdots,\boldsymbol{x}_n(\mathrm{t})$ 和（4.5）的一个特解 $\bar{\boldsymbol{x}}(t)$，则方程组（4.5）的通解为 $\boldsymbol{x}(t)=c_1\boldsymbol{x}_1(\mathrm{t})+c_2\boldsymbol{x}_2(\mathrm{t})+\cdots c_n\boldsymbol{x}_n(\mathrm{t})+\bar{\boldsymbol{x}}(\mathrm{t})$. 从而根据引理 4.1，$\bar{\boldsymbol{x}}(t)$ 的第一个分量为 n 阶方程（4.1）的解.

接下来，将引入区间 $[a,b]$ 上函数组的线性相关性与线性无关性的概念，以便于后续证明.

定义 4.1 若存在一组不全为零的常数 $c_1,c_2\cdots,c_n$，使得式（4.10）在 $[a,b]$ 上恒成立

$$c_1u_1(t)+c_2u_2(t)+\cdots+c_nu_n(t)\equiv 0,\ \ t\in[a,b]\,, \tag{4.10}$$

则称函数组 $u_1(t),u_2(t),\cdots,u_n(t)$ 在 $[a,b]$ 上线性相关. 否则，称这些函数线性无关.

引理 4.2 设有一组在区间 $[a,b]$ 上 $n-1$ 阶可导的函数组 $u_1(t),u_2(t),\cdots,u_n(t)$，则函数组在 $[a,b]$ 上线性相关的充要条件是向量函数组

$$\boldsymbol{x}_1(t)=\begin{pmatrix}u_1(t)\\u_1'(t)\\\vdots\\u_1^{(n-1)}(t)\end{pmatrix},\ \boldsymbol{x}_2(t)=\begin{pmatrix}u_2(t)\\u_2'(t)\\\vdots\\u_2^{(n-1)}(t)\end{pmatrix},\cdots,\boldsymbol{x}_n(t)=\begin{pmatrix}u_n(t)\\u_n'(t)\\\vdots\\u_n^{(n-1)}(t)\end{pmatrix}, \tag{4.11}$$

在 $[a,b]$ 上线性相关.

证明 （必要性）当 $u_1(t),u_2(t),\cdots,u_n(t)$ 在 $[a,b]$ 上线性相关时，由定义 4.1 可知，存在一组不全为零的常数 $c_1,c_2\cdots,c_n$，使得

$$c_1u_1(t)+c_2u_2(t)+\cdots+c_n\varphi_n(t)\equiv 0,t\in[a,b]\,. \tag{4.12}$$

对（4.12）式的两端对 t 进行直到 $n-1$ 次的逐次微分，有

$$\begin{cases}c_1u_1'(t)+c_2u_2'(t)+\cdots+c_nu_n'(t)=0,\\ \quad\vdots\\ c_1u_1^{(n-1)}(t)+c_2u_2^{(n-1)}(t)+\cdots+c_nu_n^{(n-1)}(t)=0,\end{cases}\quad t\in[a,b]\,. \tag{4.13}$$

结合（4.12）与（4.13）可得向量形式

$$c_1\boldsymbol{x}_1(t)+c_2\boldsymbol{x}_2(t)+\cdots+c_n\boldsymbol{x}_n(t)=\boldsymbol{0},\ \ t\in[a,b]\,. \tag{4.14}$$

即证得（4.11）在区间 $[a,b]$ 上是线性相关的.

（充分性）若向量函数组（4.11）在 $[a,b]$ 上线性相关，则存在一组不全为零的常数 $c_1,c_2\cdots,c_n$，使得（4.14）在 $[a,b]$ 上成立，显然，（4.12）成立，即 $u_1(t),u_2(t),\cdots u_n(t)$ 在 $[a,b]$ 上线性相关. 证毕.

定义 4.2 称行列式

$$W(t)=W[u_1,u_2,\cdots,u_n]=\begin{vmatrix} u_1(t) & u_2(t) & \cdots & u_n(t) \\ u_1'(t) & u_2'(t) & \cdots & u_n'(t) \\ \vdots & \vdots & & \vdots \\ u_1^{(n-1)}(t) & u_2^{(n-1)}(t) & \cdots & u_n^{(n-1)}(t) \end{vmatrix} \tag{4.15}$$

为 $u_1(t),u_2(t),\cdots,u_n(t)$ 的朗斯基行列式，其中 $u_1(t),u_2(t),\cdots,u_n(t)$ 中每个函数在区间 $[a,b]$ 上具有 $n-1$ 阶导数.

根据以上准备工作，高阶齐次方程（4.3）的一般理论就可化为对应的一阶线性齐次微分方程组的一般理论来处理.

4.1.2 高阶齐次线性微分方程的通解

考虑齐次线性方程（4.3），即

$$x^{(n)}+b_1(t)x^{(n-1)}+\cdots+b_{n-1}(t)x'+b_n(t)x=0\text{ ,}$$

该方程对应的一阶线性方程组为（4.7），即

$$\boldsymbol{x}'=\boldsymbol{B}(t)\boldsymbol{x}$$

其中 $\boldsymbol{B}(t),\boldsymbol{x}$ 与 4.1.1 节中定义的相同. 假设 $b_1(t),\cdots b_n(t)$ 在区间 $[a,b]$ 上连续，根据定理 3.4，并观察方程组（4.7）的解与高阶方程（4.3）的解之间的关系，自然可以得到如下定理.

定理 4.2 设 $u_1(t),u_2(t),\cdots u_n(t)$ 为高阶齐次方程（4.3）在 $[a,b]$ 上的 n 个解，那么 $u_1(t),u_2(t),\cdots,u_n(t)$ 在 $[a,b]$ 上线性无关（相关）当且仅当存在一点 $t_0\in[a,b]$ 使得 $W(t_0)\neq 0\ (W(t_0)=0)$.

由定理 4.2 可知，齐次方程（4.3）的 n 个解 $u_1(t),u_2(t),\cdots,u_n(t)$ 的线性相关性取决于 $W(t)$ 在 $[a,b]$ 上是否为零函数.

定义 4.3 齐次方程（4.3）的 n 个线性无关的解，称为（4.3）的基本解组.

根据定理 3.5 和定理 3.6，可得到齐次方程（4.3）的通解结构.

定理 4.3 n 阶齐次方程（4.3）在 $[a,b]$ 上总存在基本解组 $u_1(t),u_2(t),\cdots u_n(t)$，且方程（4.3）的通解可以表示为：

$$x(t)=c_1u_1(t)+c_2u_2(t)+\cdots c_nu_n(t),t\in[a,b]\text{ ,} \tag{4.16}$$

其中，$c_1,c_2,\cdots,c_n$ 为 n 个任意常数，且表达式（4.16）包含方程（4.3）的所有解.

根据定理 4.3 可得，n 阶齐次方程（4.3）的所有解构成一个 n 维线性空间. 在这个 n 维线性空间中，基本解组起到了类似于“坐标轴”的作用，通过它们可以沿着不同的方向来构造方程的各个解. 因此，解齐次方程（4.3）的通解问题转化为找基本解组. 具体而言，只需要找到一个基本解组，就可以通过适当的线性组合来表达该方程的所有解，使得求解过程变得更加直观和简便.

例 4.1 验证齐次方程 $x''-x=0$ 的基本解组为 $\mathrm{e}^t,\mathrm{e}^{-t}$，并求其通解.

解 首先，验证 e^t 和 e^{-t} 是方程的解.

令 $x = e^t$，然后对 x 进行两次求导得到 $x'' = e^t$. 代入方程 $x'' - x = 0$ 中，$e^t - e^t = 0$. 所以，e^t 是原方程的解. 类似可证，e^{-t} 也是该齐次方程的解.

接下来，证明 e^t 和 e^{-t} 线性无关，其朗斯基行列式为

$$W(t) = \begin{vmatrix} e^t & e^{-t} \\ e^t & -e^{-t} \end{vmatrix} = -2 \neq 0,$$

由定理 4.2 得，e^t 和 e^{-t} 在 $(-\infty, \infty)$ 上线性无关. 因此，原方程的基本解组为 e^t 和 e^{-t}. 由定理 4.3 知，其通解为 $x(t) = c_1 e^t + c_2 e^{-t}$，$t \in (-\infty, \infty)$，$c_1$ 和 c_2 为任意常数.

例 4.2 设 $x_i(t)(i = 1, 2, \cdots, n)$ 是齐次线性微分方程（4.3）的任意 n 个解. 证明朗斯基行列式 $W(t)$ 满足一阶线性微分方程

$$W' + b_1 W = 0,$$

因而有

$$W(t) = W(t_0) e^{-\int_{t_0}^{t} b_1(s) \mathrm{d}s}, \quad t_0, t \in (a, b). \tag{4.17}$$

证明 由朗斯基行列式的定义有：

$$W(t) = \begin{vmatrix} x_1(t) & x_2(t) & \cdots & x_n(t) \\ x_1'(t) & x_2'(t) & \cdots & x_n'(t) \\ \vdots & \vdots & & \vdots \\ x_1^{(n-1)}(t) & x_2^{(n-1)}(t) & \cdots & x_n^{(n-1)}(t) \end{vmatrix}.$$

利用行列式的性质对其逐行进行微分. 根据行列式的性质，如果行列式中出现两行相同，那么该行列式的值为零，因此，可得到 $W'(t)$ 的表达式为

$$W'(t) = \frac{\mathrm{d}}{\mathrm{d}t} \begin{vmatrix} x_1(t) & x_2(t) & \cdots & x_n(t) \\ x_1'(t) & x_2'(t) & \cdots & x_n'(t) \\ \vdots & \vdots & & \vdots \\ x_1^{(n-1)}(t) & x_2^{(n-1)}(t) & \cdots & x_n^{(n-1)}(t) \end{vmatrix}$$

$$= \begin{vmatrix} x_1'(t) & x_2'(t) & \cdots & x_n'(t) \\ x_1'(t) & x_2'(t) & \cdots & x_n'(t) \\ \vdots & \vdots & & \vdots \\ x_1^{(n-1)}(t) & x_2^{(n-1)}(t) & \cdots & x_n^{(n-1)}(t) \end{vmatrix} + \begin{vmatrix} x_1(t) & x_2(t) & \cdots & x_n(t) \\ x_1''(t) & x_2''(t) & \cdots & x_n''(t) \\ \vdots & \vdots & & \vdots \\ x_1^{(n-1)}(t) & x_2^{(n-1)}(t) & \cdots & x_n^{(n-1)}(t) \end{vmatrix} + \cdots +$$

$$\begin{vmatrix} x_1(t) & x_2(t) & \cdots & x_n(t) \\ x_1'(t) & x_2'(t) & \cdots & x_n'(t) \\ \vdots & \vdots & & \vdots \\ x_1^{(n)}(t) & x_2^{(n)}(t) & \cdots & x_n^{(n)}(t) \end{vmatrix}$$

$$
=0+0+\cdots+0+\begin{vmatrix} x_1(t) & x_2(t) & \cdots & x_n(t) \\ x_1'(t) & x_2'(t) & \cdots & x_n'(t) \\ \vdots & \vdots & & \vdots \\ x_1^{(n)}(t) & x_2^{(n)}(t) & \cdots & x_n^{(n)}(t) \end{vmatrix}.
$$

因为 $x_i(t)(i=1,2,\cdots,n)$ 是齐次线性微分方程（4.3）的解，则

$$
x_i^{(n)}=-b_1(t)x_i^{(n-1)}-\cdots-b_{n-1}(t)x_i'-b_n(t)x_i .
$$

代入上面行列式的最后一行. 根据行列式性质，前 $n-1$ 行分别乘以 $b_n(t),b_{n-1}(t),\cdots,b_2(t)$ 加到最后一行，得到 $W'(t)$ 的表达式为

$$
\begin{aligned}
& W'(t) \\
&=\begin{vmatrix} x_1(t) & x_2(t) & \cdots & x_n(t) \\ x_1'(t) & x_2'(t) & \cdots & x_n'(t) \\ \vdots & \vdots & & \vdots \\ -b_1(t)x_1^{(n-1)}(t)-\cdots-b_n(t)x_1 & -b_1(t)x_2^{(n-1)}(t)-\cdots-b_n(t)x_2 & \cdots & -b_1(t)x_n^{(n-1)}(t)-\cdots-b_n(t)x_n \end{vmatrix} \\
&=\begin{vmatrix} x_1(t) & x_2(t) & \cdots & x_n(t) \\ x_1'(t) & x_2'(t) & \cdots & x_n'(t) \\ \vdots & \vdots & & \vdots \\ -b_1(t)x_1^{(n-1)}(t) & -b_1(t)x_2^{(n-1)}(t) & \cdots & -b_1(t)x_n^{(n-1)}(t) \end{vmatrix} \\
&=-b_1(t)\begin{vmatrix} x_1(t) & x_2(t) & \cdots & x_n(t) \\ x_1'(t) & x_2'(t) & \cdots & x_n'(t) \\ \vdots & \vdots & & \vdots \\ x_1^{(n-1)}(t) & x_2^{(n-1)}(t) & \cdots & x_n^{(n-1)}(t) \end{vmatrix} \\
&=-b_1(t)W(t).
\end{aligned}
$$

移项，得

$$
W'(t)+b_1(t)W(\mathrm{t})=0 .
$$

通过分离变量的方法，得

$$
W(t)=W(t_0)\mathrm{e}^{-\int_{t_0}^{t} b_1(s)\mathrm{d}s},\quad t_0,t\in(a,b) .
$$

证毕.

式（4.17）称为刘维尔公式，由此公式可知，若存在一点 $t_0\in[a,b]$ 使得 $W(t_0)\neq 0$ $(W(t_0)=0)$，则对任意 $t\in[a,b]$，成立 $W(t)\neq 0$ $(W(t)=0)$. 事实上，该公式也可由高阶方程（4.3）与对应的方程组（4.7）的关系得到. 方程组（4.7）的矩阵函数的迹为 $-b_1(s)$，因此根据方程组的刘维尔公式（3.12）即可得到高阶方程（4.3）的刘维尔公式（4.17）.

4.1.3　高阶非齐次线性微分方程的通解

通过引理 4.1，可知高阶线性方程（4.1）的解与相应的一阶线性方程组（4.5）的解之间有

着密切关系，再结合一阶线性方程组的解的性质，可以得出高阶线性方程（4.1）的解的性质.

定理 4.4

（1）若 $\overline{x}_1(t),\overline{x}_2(t)$ 分别为方程（4.1）的解，则 $\overline{x}_1(t)-\overline{x}_2(t)$ 方程（4.1）对应的齐次方程（4.3）的解.

（2）若 $\overline{x}(t)$ 为（4.1）的解，而 $x(t)$ 为齐次方程（4.3）的解，则 $\overline{x}(t)+x(t)$ 为方程（4.1）的解.

定理 4.5 设 $\overline{x}(t)$ 为（4.1）的一个解，$u_1(t),u_2(t),\cdots,u_n(t)$ 为齐次方程（4.3）的基本解组，则方程（4.1）的通解可表示为

$$x(t)=c_1u_1(t)+c_2u_2(t)+\cdots+c_nu_n(t)+\overline{x}(t). \tag{4.18}$$

其中 $c_1,c_2,\cdots,c_n$ 为任意常数，且表达式（4.18）包含方程（4.1）的所有解.

类似于第 3 章关于线性方程组的情形，对于高阶非齐次线性微分方程（4.1），只要我们已知对应的齐次方程（4.3）的基本解组，就可以利用常数变易法求得非齐次线性方程（4.1）的一个特解为

$$\overline{x}(t)=\sum_{k=1}^{n}u_k(t)\int_{t_0}^{t}\frac{W_k(s)}{W(s)}g(s)\mathrm{d}s,\quad t_0,t\in[a,b], \tag{4.19}$$

其中 $W_k(t)$ 表示 $W(t)$ 的第 n 行第 k 列元素的代数余子式，具体形式如下：

$$W_k(t)=(-1)^{n+k}\begin{vmatrix} u_1(t) & \cdots & u_{k-1}(t) & u_{k+1}(t) & \cdots & u_n(t) \\ u_1'(t) & \cdots & u_{k-1}'(t) & u_{k+1}'(t) & \cdots & u_n'(t) \\ \vdots & & \vdots & \vdots & & \vdots \\ u_1^{(n-2)}(t) & \cdots & u_{k-1}^{(n-2)}(t) & u_{k+1}^{(n-2)}(t) & \cdots & u_n^{(n-2)}(t) \end{vmatrix},$$

进而由定理 4.5，将特解 $\overline{x}(t)$ 与齐次方程（4.3）的基本解组相加，从而得到非齐次方程（4.1）的通解. 这种方法在求解非齐次线性微分方程中非常有用，能够简化计算过程并得到最终的解析表达式.

例 4.3 求 $x''+3x'+2x=\dfrac{1}{\mathrm{e}^t+1}$ 的通解.

解 对应的齐次方程为

$$x''+3x'+2x=0.$$

齐次方程的特征方程为

$$r^2+3r+2=0,$$

解得

$$r_1=-1,r_2=-2.$$

因此，方程对应的齐次方程的通解为

$$x(t)=c_1\mathrm{e}^{-t}+c_2\mathrm{e}^{-2t}.$$

利用常数变易法，设 $\bar{x}(t)$ 为已知方程的一个特解，表达式如下：

$$\bar{x}(t) = c_1(t)\mathrm{e}^{-t} + c_2(t)\mathrm{e}^{-2t}.$$

可得到 $c_1'(t), c_2'(t)$ 满足下列方程组

$$\begin{cases} c_1'(t)\mathrm{e}^{-t} + c_2'(t)\mathrm{e}^{-2t} = 0, \\ -c_1'(t)\mathrm{e}^{-t} - 2c_2'(t)\mathrm{e}^{-2t} = \dfrac{1}{\mathrm{e}^t + 1}. \end{cases}$$

解得

$$c_1'(t) = \frac{\mathrm{e}^t}{\mathrm{e}^t + 1},\ c_2'(t) = \frac{-\mathrm{e}^{2t}}{\mathrm{e}^t + 1}.$$

从而可取一组解为

$$c_1(t) = \ln(\mathrm{e}^t + 1),\ c_2(t) = -\mathrm{e}^t + \ln(\mathrm{e}^t + 1).$$

于是，特解为

$$\bar{x}(t) = \mathrm{e}^{-t}\ln(\mathrm{e}^t + 1) + \mathrm{e}^{-2t}[-\mathrm{e}^t + \ln(\mathrm{e}^t + 1)],$$

所以，原方程的通解为

$$x(t) = c_1\mathrm{e}^{-t} + c_2\mathrm{e}^{-2t} + \mathrm{e}^{-t}\ln(\mathrm{e}^t + 1) + \mathrm{e}^{-2t}[-\mathrm{e}^t + \ln(\mathrm{e}^t + 1)].$$

整理得

$$x(t) = c_3\mathrm{e}^{-t} + c_2\mathrm{e}^{-2t} + (\mathrm{e}^{-t} + \mathrm{e}^{-2t})\ln(\mathrm{e}^t + 1),$$

其中，$c_3 = c_1 - 1$.

习题 4.1

1. 已知齐次线性微分方程的基本解组 x_1, x_2，求下列方程对应的非齐次线性微分方程的通解：

（1）$x'' + x = \dfrac{1}{\cos t}$，$x_1 = \cos t, x_2 = \sin t$；

（2）$x'' + \dfrac{t}{1-t}x' - \dfrac{1}{1-t}x = t - 1,\ x_1 = t, x_2 = \mathrm{e}^t$；

（3）$t^2x'' - tx' + x = 6t + 34t^2,\ x_1 = t, x_2 = t\ln t$.

2. 设函数 $x_1(t), x_2(t)$ 是方程 $x'' + p(t)x' + q(t)x = 0$ 在区间 $[\alpha, \beta]$ 上的一个基本解组. 证明：方程的系数 $p(t), q(t)$ 能够由这个基本解组唯一地确定.

3. 证明：二阶线性齐次方程的任意两个线性无关解组的朗斯基行列式之比是一个不为零的常数.

4. 证明：n阶非齐次线性微分方程

$$x^{(n)}+b_1(t)x^{(n-1)}+\cdots+b_{n-1}(t)x'+b_n(t)x=g(t)$$

存在且最多存在$n+1$个线性无关解.

4.2 高阶常系数齐次线性微分方程

通过 4.1 节可以知道，若要得到n阶齐次线性常微分方程（4.3）的通解，需要求出它的一个基本解组. 虽然对于一般的齐次线性微分方程，没有求其基本解组的通用方法. 但是，对于特殊的具有常系数的n阶齐次线性方程

$$L[x]\equiv x^{(n)}+b_1x^{(n-1)}+\cdots+b_{n-1}x'+b_nx=0\,, \tag{4.20}$$

其中，$b_1,\cdots,b_n$为实常数，已经有一些求通解的方法. 本节将介绍这种求解方法.

因为n阶齐次线性方程（4.20）可以化成与其等价的一阶常系数线性微分方程组，所以一个自然的做法是借助 3.3 节关于常系数齐次线性方程组求通解的方法来进行求解，但是推导过程并不简洁. 因此，这一节将介绍一种新的求解方法，即直接由方程（4.20）导出的欧拉（Euler）待定指数函数法（又称**特征根法**）.

回顾第 1 章，一阶常系数线性方程

$$x'+bx=0,\ b\ 为常数$$

的通解为$x(t)=c\mathrm{e}^{-bt}$，c为任意常数. 受此启发，对于高阶常系数方程（4.20），我们猜测其具有类似形式的特解

$$x(t)=\mathrm{e}^{\lambda t},\ \lambda\ 为常数. \tag{4.21}$$

将方程（4.21）代入方程（4.20），得

$$(\lambda^n+b_1\lambda^{n-1}+\cdots+b_{n-1}\lambda+b_n)\mathrm{e}^{\lambda t}=0\,,$$

由于$\mathrm{e}^{\lambda t}\neq 0$，可得

$$F(\lambda)\equiv\lambda^n+b_1\lambda^{n-1}+\cdots+b_{n-1}\lambda+b_n=0\,. \tag{4.22}$$

方程（4.22）称为方程（4.20）的特征方程，其根称为特征根. 显然，$x(t)=\mathrm{e}^{\lambda t}$为方程（4.20）的解当且仅当$\lambda$为（4.22）的特征根. 下面分两种情形进行讨论.

4.2.1 特征根均是单根的情形

设 $\lambda_1,\lambda_2,\cdots,\lambda_n$ 是特征方程（4.22）的 n 个互异的根，则齐次方程（4.20）具有如下 n 个解：

$$x_1=\mathrm{e}^{\lambda_1 t},x_2=\mathrm{e}^{\lambda_2 t},\cdots,x_n=\mathrm{e}^{\lambda_n t}. \tag{4.23}$$

显然，这 n 个解是线性无关的. 事实上，这 n 个解的朗斯基行列式为

$$\begin{aligned}W(t)&=\begin{vmatrix}\mathrm{e}^{\lambda_1 t} & \mathrm{e}^{\lambda_2 t} & \cdots & \mathrm{e}^{\lambda_n t}\\ \lambda_1\mathrm{e}^{\lambda_1 t} & \lambda_2\mathrm{e}^{\lambda_2 t} & \cdots & \lambda_n\mathrm{e}^{\lambda_n t}\\ \vdots & \vdots & & \vdots\\ \lambda_1^{n-1}\mathrm{e}^{\lambda_1 t} & \lambda_2^{n-1}\mathrm{e}^{\lambda_2 t} & \cdots & \lambda_n^{n-1}\mathrm{e}^{\lambda_n t}\end{vmatrix}\\
&=\mathrm{e}^{(\lambda_1+\lambda_2+\cdots+\lambda_n)t}\begin{vmatrix}1 & 1 & \cdots & 1\\ \lambda_1 & \lambda_2 & \cdots & \lambda_n\\ \vdots & \vdots & & \vdots\\ \lambda_1^{n-1} & \lambda_2^{n-1} & \cdots & \lambda_n^{n-1}\end{vmatrix}\\
&=\mathrm{e}^{(\lambda_1+\lambda_2+\cdots+\lambda_n)t}\prod_{1\le j<i\le n}(\lambda_i-\lambda_j)\\
&\neq 0,\qquad t\in(-\infty,+\infty)\ (\text{因为当 } i\neq j \text{ 时，} \lambda_i\neq\lambda_j).\end{aligned}$$

其中，利用了范德蒙德（Vandermonde）行列式

$$\begin{vmatrix}1 & 1 & \cdots & 1\\ \lambda_1 & \lambda_2 & \cdots & \lambda_n\\ \vdots & \vdots & & \vdots\\ \lambda_1^{n-1} & \lambda_2^{n-1} & \cdots & \lambda_n^{n-1}\end{vmatrix}=\prod_{1\leqslant j<i\leqslant n}(\lambda_i-\lambda_j).$$

因此，$W(t)\neq 0$ 在 $(-\infty,+\infty)$ 上成立，由定理 4.2 可得，（4.23）中的 n 个解线性无关. 因此解组（4.23）是方程（4.20）的一个基本解组.

若特征方程（4.22）有复根，于是由系数 $b_1,\cdots,b_n$ 均是实数可知，复根必须成对共轭出现. 若 $\lambda_k=\alpha+i\beta\ (\alpha,\beta\in\mathbf{R})$ 是（4.22）的根，那么 $\lambda_{k+1}=\alpha-\mathrm{i}\beta=\overline{\lambda}_k$ 也是（4.22）的根，并且两个根对应的解是复值解，即

$$\begin{aligned}\mathrm{e}^{(\alpha+\mathrm{i}\beta)t}&=\mathrm{e}^{\alpha t}\cos\beta t+\mathrm{i}\mathrm{e}^{\alpha t}\sin\beta t,\\ \mathrm{e}^{(\alpha-\mathrm{i}\beta)t}&=\mathrm{e}^{\alpha t}\cos\beta t-\mathrm{i}\mathrm{e}^{\alpha t}\sin\beta t.\end{aligned}$$

易证，这两个复值解的实部 $\mathrm{e}^{\alpha t}\cos\beta t$ 和虚部 $\mathrm{e}^{\alpha t}\sin\beta t$ 都是齐次方程（4.20）的解. 因此，对应到两个复特征根 $\alpha+\mathrm{i}\beta$ 与 $\alpha-\mathrm{i}\beta$ 可以得到两个线性无关的实值解 $\mathrm{e}^{\alpha t}\cos\beta t$ 和 $\mathrm{e}^{\alpha t}\sin\beta t$. 事实上，这两个实值解与其他特征值所对应的解仍是线性无关的，因此可以得到实值基本解组. 总结一下，可以得到如下定理.

定理 4.6

（1）设 $\lambda_1,\lambda_2,\cdots,\lambda_n$ 是特征方程（4.22）的 n 个互异的实根，则式（4.23）是方程（4.20）

的实值基本解组，因此，方程（4.20）的通解为

$$x(t)=c_1e^{\lambda_1 t}+c_2e^{\lambda_2 t}+\cdots+c_ne^{\lambda_n t}\ ,$$

其中，$c_1,c_2,\cdots,c_n$是任意常数.

（2）若$\lambda_1,\lambda_2,\cdots,\lambda_s,\alpha_1\pm i\beta_1,\cdots,\alpha_m\pm i\beta_m$是特征方程（4.22）的根，其中$\lambda_1,\lambda_2,\cdots,\lambda_s,\alpha_1,\beta_1,\cdots,\alpha_m,\beta_m$是实数，且$\beta_i\neq 0\ (i=1,2,\cdots,m)$，$s+2m=n$，那么齐次方程（4.20）有实值基本解组：

$$e^{\lambda_1 t},e^{\lambda_2 t},\cdots,e^{\lambda_s t},e^{\alpha_1 t}\cos\beta_1 t,e^{\alpha_1 t}\sin\beta_1 t,\cdots,e^{\alpha_m t}\cos\beta_m t,e^{\alpha_m t}\sin\beta_m t\ .$$

因此，方程（4.20）的通解可以表示为：

$$\begin{aligned}x(t)=&c_1e^{\lambda_1 t}+c_2e^{\lambda_2 t}+\cdots+c_se^{\lambda_s t}+\\&c_{s+1}e^{\alpha_1 t}\cos\beta_1 t+c_{s+2}e^{\alpha_1 t}\sin\beta_1 t+\cdots+\\&c_{s+2m-1}e^{\alpha_m t}\cos\beta_m t+c_{s+2m}e^{\alpha_m t}\sin\beta_m t,\end{aligned}$$

其中，$c_1,c_2,\cdots,c_{s+2m-1},c_{s+2m}$是任意常数.

例 4.4 求方程$x''+4x'+13x=0$的通解.

解 该方程的特征方程为

$$\lambda^2+4\lambda+13=0\ ,$$

求得特征根为

$$\lambda_1=-2+3i,\lambda_2=-2-3i\ ,$$

因此所求方程基本解组为

$$e^{-2t}\cos 3t,\ e^{-2t}\sin 3t$$

通解为

$$x=e^{-2t}(c_1\cos 3t+c_2\sin 3t)$$

其中，c_1,c_2是任意常数.

例 4.5 求方程$x'''-2x''-3x'+10x=0$的通解.

解 该方程的特征方程为

$$\lambda^3-2\lambda^2-3\lambda+10=0\ ,$$

因式分解可以得到$(\lambda^2-4\lambda+5)(\lambda+2)=0$，求得特征根为

$$\lambda_1=-2,\lambda_2=2+i,\lambda_3=2-i\ ,$$

所求方程基本解组为

$$e^{-2t},\ e^{2t}\cos t,\ e^{2t}\sin t\ .$$

因此，所求方程通解为

$$x = c_1 e^{-2t} + e^{2t}(c_2 \cos t + c_3 \sin t),$$

其中，c_1, c_2, c_3 是任意常数.

4.2.2 特征根有重根的情形

设 λ_1 是特征方程（4.22）的 $m(1 \leqslant m \leqslant n)$ 重根（实根或复根）. 接下来将证明对于特征根 λ_1，方程（4.20）有 m 个线性无关解

$$e^{\lambda_1 t}, te^{\lambda_1 t}, t^2 e^{\lambda_1 t}, \cdots, t^{m-1} e^{\lambda_1 t}, \tag{4.24}$$

即需要证明：当 $k = 0,1,2,\cdots,m-1$ 时，有

$$L[t^k e^{\lambda_1 t}] \equiv 0, \tag{4.25}$$

其中，L 是（4.20）中定义的算子.

首先，由 λ_1 是 m 重特征根可知

$$F(\lambda)|_{\lambda=\lambda_1} = F'(\lambda)|_{\lambda=\lambda_1} = \cdots = F^{(m-1)}(\lambda)|_{\lambda=\lambda_1} = 0, \quad F^{(m)}(\lambda)|_{\lambda=\lambda_1} \neq 0, \tag{4.26}$$

且

$$L[e^{\lambda_1 t}] = F(\lambda_1)e^{\lambda_1 t}, \ \frac{\partial^k}{\partial \lambda^k} e^{\lambda t}\Big|_{\lambda=\lambda_1} = t^k e^{\lambda_1 t}, \ k = 0,1,2,\cdots,m-1.$$

因此，

$$\begin{aligned} L[t^k e^{\lambda_1 t}] &\equiv L\left[\frac{\partial^k}{\partial \lambda^k} e^{\lambda t}\right]\Bigg|_{\lambda=\lambda_1} = \frac{\partial^k}{\partial \lambda^k} L[e^{\lambda t}]\Big|_{\lambda=\lambda_1} \\ &= \frac{\partial^k}{\partial \lambda^k} F(\lambda)e^{\lambda t}\Big|_{\lambda=\lambda_1}. \end{aligned} \tag{4.27}$$

通过函数乘积求导的莱布尼茨公式，得

$$L[t^k e^{\lambda_1 t}] = \sum_{i=0}^{k} C_k^i F^{(i)}(\lambda)(e^{\lambda t})^{(k-i)}\Bigg|_{\lambda=\lambda_1} = e^{\lambda_1 t}\sum_{i=0}^{k} C_k^i F^{(i)}(\lambda_1) t^{k-i}, \tag{4.28}$$

其中，$C_k^i = \dfrac{k!}{i!(k-i)!}$，由已知条件（4.26）可知 $F^{(i)}(\lambda_1) = 0,\ i = 0,1,\cdots,k\ (k < m)$. 故

$$L[t^k e^{\lambda_1 t}] = 0, \quad k = 0,1,\cdots,m-1,$$

即式（4.24）中所有函数都是方程（4.20）的解，并且是 m 个线性无关的解. 更一般地，当特征方程有多个重根时，我们有如下结论.

定理 4.7 如果特征方程（4.22）有 p 个互异的特征根 $\lambda_1, \lambda_2, \cdots, \lambda_p$，它们的重数分别为 $m_1, m_2, \cdots, m_p (m_j \geqslant 1, j = 1,2,\cdots,p)$ 且 $m_1 + m_2 + \cdots + m_p = n$，则齐次方程（4.20）在区间 $(-\infty, +\infty)$

上的基本解组为

$$\begin{gathered}
e^{\lambda_1 t}, te^{\lambda_1 t}, \cdots, t^{m_1-1}e^{\lambda_1 t}, \\
e^{\lambda_2 t}, te^{\lambda_2 t}, \cdots, t^{m_2-1}e^{\lambda_2 t}, \\
\vdots \\
e^{\lambda_p t}, te^{\lambda_p t}, \cdots, t^{m_p-1}e^{\lambda_p t}.
\end{gathered} \tag{4.29}$$

***证明** 由以上叙述可以得到，函数组（4.29）中的每个函数都是方程（4.20）的解. 因此，仅需证明（4.29）在 $(-\infty,+\infty)$ 上线性无关即可. 采用反证法.

假设（4.29）在 $(-\infty,+\infty)$ 上线性相关，即存在不全为 0 的常数 $C_k^{(j)}, j=1,2,\cdots,p, k=0,1,\cdots,m_j-1$，使得在区间 $(-\infty,+\infty)$ 上有

$$\sum_{j=1}^{p}(C_0^{(j)}+C_1^{(j)}t+\ldots+C_{m_j-1}^{(j)}t^{m_j-1})e^{\lambda_j t}\equiv 0 \tag{4.30}$$

成立. 则（4.30）可改写为

$$Q_{m_1}(t)e^{\lambda_1 t}+Q_{m_2}(t)e^{\lambda_2 t}+\ldots+Q_{m_p}(t)e^{\lambda_p t}\equiv 0, \tag{4.31}$$

其中多项式

$$Q_{m_j}(t)=C_0^{(j)}+C_1^{(j)}t+\ldots+C_{m_j-1}^{(j)}t^{m_j-1} \tag{4.32}$$

次数不超过 m_j-1， $j=1,2,\cdots,p$，且至少有一个多项式 $Q_{m_j}(t)$ 在 $(-\infty,+\infty)$ 上不恒等于 0. 不妨假设 $Q_{m_p}(t)\not\equiv 0$，用 $e^{-\lambda_1 t}$ 乘以（4.31）两端，可得

$$Q_{m_1}(t)+Q_{m_2}(t)e^{(\lambda_2-\lambda_1)t}+\cdots+Q_{m_p}(t)e^{(\lambda_p-\lambda_1)t}\equiv 0. \tag{4.33}$$

对上式关于 t 求导数，得

$$\begin{aligned}
&Q'_{m_1}(t)+[Q'_{m_2}(t)+(\lambda_2-\lambda_1)Q_{m_2}(t)]e^{(\lambda_2-\lambda_1)t}+\cdots+ \\
&[Q'_{m_p}(t)+(\lambda_p-\lambda_1)Q_{m_p}(t)]e^{(\lambda_p-\lambda_1)t}\equiv 0.
\end{aligned} \tag{4.34}$$

易知

$$Q'_{m_1}(t)=C_1^{(1)}+2C_2^{(1)}t+\ldots+(m_1-1)C_{m_1-1}^{(1)}t^{m_1-2},$$

以及

$$\begin{aligned}
&Q'_{m_j}(t)+(\lambda_j-\lambda_1)Q_{m_j}(t) \\
=&[(\lambda_j-\lambda_1)C_0^{(j)}+C_1^{(j)}]+[(\lambda_j-\lambda_1)C_1^{(j)}+2C_2^{(j)}]t+\cdots+ \\
&[(m_j-1)C_{m_j-1}^{(j)}+(\lambda_j-\lambda_1)C_{m_j-2}^{(j)}]t^{m_j-2}+(\lambda_j-\lambda_1)C_{m_j-1}^{(j)}t^{m_j-1}, j=2,3,\cdots,p.
\end{aligned}$$

即 $Q'_{m_1}(t)$ 为 m_1-2 次. 而因为 $\lambda_1,\lambda_2,\cdots,\lambda_q$ 互异，则 $Q'_{m_j}(t)+(\lambda_j-\lambda_1)Q_{m_j}(t)$ 与 $Q_{m_j}(t)$ 的次数相等为 m_j-1, $j=2,3,\cdots,p$. 比较式（4.33）与式（4.34）可知，只有第一项 $Q_{m_1}(t)$ 的次数降为 m_1-2，

其余项的次数仍然为 $m_j-1,\ j=2,3,\cdots,p$. 连续对（4.34）关于 t 求导 m_1-1 次，可得

$$Q_{m_2}^{(1)}(t)e^{(\lambda_2-\lambda_1)t}+Q_{m_3}^{(1)}(t)e^{(\lambda_3-\lambda_1)t}+\cdots+Q_{m_p}^{(1)}(t)e^{(\lambda_p-\lambda_1)t}\equiv 0, \qquad (4.35)$$

其中，多项式 $Q_{m_2}^{(1)}(t),Q_{m_3}^{(1)}(t),\cdots,Q_{m_p}^{(1)}(t)$ 的次数分别不超过 $m_2-1,m_3-1,\cdots,m_p-1$，且 $Q_{m_p}^{(1)}(t)\not\equiv 0$.

类似地，在（4.35）两边同时乘以 $e^{-(\lambda_2-\lambda_1)t}$ 可得

$$Q_{m_2}^{(1)}(t)+Q_{m_3}^{(1)}(t)e^{(\lambda_3-\lambda_2)t}+\cdots+Q_{m_p}^{(1)}(t)e^{(\lambda_p-\lambda_2)t}\equiv 0. \qquad (4.36)$$

对（4.36）关于 t 求导 m_2 次有

$$Q_{m_3}^{(2)}(t)e^{(\lambda_3-\lambda_2)t}+\cdots+Q_{m_q}^{(2)}(t)e^{(\lambda_q-\lambda_2)t}\equiv 0,$$

其中，多项式 $Q_{m_3}^{(2)}(t),\cdots,Q_{m_q}^{(2)}(t)$ 的次数分别为 $m_3-1,\cdots,m_p-1$. 一直重复上述操作，最后可得

$$Q_{m_p}^{(p-1)}(t)e^{(\lambda_p-\lambda_{p-1})t}\equiv 0, \qquad (4.37)$$

其中，多项式 $Q_{m_p}^{(p-1)}(t)$ 与 $Q_{m_p}(t)$ 的次数相等，由假设 $Q_{m_p}(t)\not\equiv 0$，因此

$$Q_{m_p}^{(p-1)}(t)\not\equiv 0.$$

根据（4.37）和 $e^{(\lambda_p-\lambda_{p-1})t}\neq 0$，得到 $Q_{m_p}^{(p-1)}(t)\equiv 0$. 矛盾. 因此，式（4.29）在 $(-\infty,+\infty)$ 上线性无关，构成齐次方程（4.20）在区间 $(-\infty,+\infty)$ 上的基本解组. 证毕.

若特征方程（4.22）有 m 重复根 $\alpha+i\beta$，则其共轭 $\alpha-i\beta$ 也是（4.22）的 m 重复根. 由定理 4.7 可以得到以下定理.

定理 4.8 如果实系数齐次方程（4.20）的特征方程（4.22）有 p 个互异的实特征根 $\lambda_1,\lambda_2,\cdots,\lambda_p$ 及 $2s$ 个互异的复特征根 $\alpha_1\pm i\beta_1,\alpha_2\pm i\beta_2,\cdots,\alpha_s\pm i\beta_s$，重数分别为 $m_1,m_2,\cdots,m_p$ 及 $n_1,n_2,\cdots,n_s$ 满足

$$m_1+m_2+\cdots+m_p+2(n_1+n_2+\ldots+n_s)=n,$$

则方程（4.20）有如下的实基本解组：

$$\begin{aligned}
&e^{\lambda_k t}, \quad te^{\lambda_k t}, \quad \cdots, \quad t^{m_k-1}e^{\lambda_k t}, \quad k=1,2,\cdots,p,\\
&e^{\alpha_j t}\cos\beta_j t,\ te^{\alpha_j t}\cos\beta_j t,\cdots,\ t^{n_j-1}e^{\alpha_j t}\cos\beta_j t,\ j=1,2,\cdots,s,\\
&e^{\alpha_j t}\sin\beta_j t,\ te^{\alpha_j t}\sin\beta_j t,\cdots,\ t^{n_j-1}e^{\alpha_j t}\sin\beta_j t,\ j=1,2,\cdots,s.
\end{aligned}$$

例 4.6 求常系数齐次线性方程

$$x^{(4)}-x''=0$$

的通解.

解 该方程的特征方程为

$$\lambda^4-\lambda^2=0.$$

将其因式分解为

$$\lambda^2(\lambda+1)(\lambda-1)=0,$$

解得特征根为 $\lambda_1=-1,\ \lambda_2=1,\ \lambda_{3,4}=0$（二重），因此原方程的基本解组为

$$1,t,\mathrm{e}^{-t},\mathrm{e}^{t}.$$

通解为

$$x=C_1+C_2t+C_3\mathrm{e}^{-t}+C_4\mathrm{e}^{t},\ C_1,C_2,C_3,C_4\text{为任意常数}.$$

例 4.7 求常系数齐次线性方程

$$x'''-x''-x'+x=0$$

的通解.

解 该方程的特征方程为

$$\lambda^3-\lambda^2-\lambda+1=0,$$

将其因式分解为

$$(\lambda+1)(\lambda-1)^2=0,$$

特征根为 $\lambda_1=-1,\ \lambda_{2,3}=1$（二重），因此原方程的基本解组为

$$\mathrm{e}^{-t},\mathrm{e}^{t},t\mathrm{e}^{t}.$$

原方程的通解为

$$x=C_1\mathrm{e}^{-t}+\mathrm{e}^{t}(C_2+C_3t),\ C_1,C_2,C_3\text{为任意常数}.$$

4.2.3 欧拉方程

形如

$$x^n y^{(n)}+b_1x^{n-1}y^{(n-1)}+\cdots+b_{n-1}xy'+b_ny=0 \tag{4.38}$$

的方程，称为欧拉方程，其中 $b_1,b_2,\cdots,b_n$ 为常数. 该类方程，虽不是常系数线性方程，但可通过适当变换化为常系数齐次线性微分方程.

引入自变量的变换

$$x=\mathrm{e}^{t},\ t=\ln x.$$

则通过计算可以得到，当 $n=2$ 时，

$$y' = \frac{\mathrm{d}y}{\mathrm{d}x} = \frac{\mathrm{d}y}{\mathrm{d}t}\cdot\frac{\mathrm{d}t}{\mathrm{d}x} = \mathrm{e}^{-t}\frac{\mathrm{d}y}{\mathrm{d}t},$$

$$y'' = \frac{\mathrm{d}^2 y}{\mathrm{d}x^2} = \frac{\mathrm{d}}{\mathrm{d}x}\left(\mathrm{e}^{-t}\frac{\mathrm{d}y}{\mathrm{d}t}\right) = \mathrm{e}^{-2t}\left(\frac{\mathrm{d}^2 y}{\mathrm{d}t^2} - \frac{\mathrm{d}y}{\mathrm{d}t}\right).$$

利用数学归纳法可得，对 $\forall k \in N$ ，有

$$y^{(k)} = \frac{\mathrm{d}^k y}{\mathrm{d}x^k} = \mathrm{e}^{-kt}\left(\frac{\mathrm{d}^k y}{\mathrm{d}t^k} + \theta_1 \frac{\mathrm{d}^{k-1} y}{\mathrm{d}t^{k-1}} + \cdots + \theta_{k-1}\frac{\mathrm{d}y}{\mathrm{d}t}\right),$$

其中， $\theta_1, \theta_2, \cdots, \theta_{k-1}$ 都是常数. 因此

$$x^k y^{(k)} = x^k \frac{\mathrm{d}^k y}{\mathrm{d}x^k} = \frac{\mathrm{d}^k y}{\mathrm{d}t^k} + \theta_1 \frac{\mathrm{d}^{k-1} y}{\mathrm{d}t^{k-1}} + \cdots + \theta_{k-1}\frac{\mathrm{d}y}{\mathrm{d}t},$$

代入方程（4.38），则得到常系数齐次线性微分方程

$$\frac{\mathrm{d}^n y}{\mathrm{d}t^n} + \beta_1 \frac{\mathrm{d}^{n-1} y}{\mathrm{d}t^{n-1}} + \cdots + \beta_{n-1}\frac{\mathrm{d}y}{\mathrm{d}t} + \beta_n y = 0, \tag{4.39}$$

其中， $\beta_1, \beta_2, \cdots, \beta_n$ 是任意数，通过 4.2.1 和 4.2.2 节的方法可以求出（4.39）的通解，再代回原变量 $(t = \ln|x|)$ ，可得到方程（4.38）的通解. 下面再给出另一种求解方法.

通过上述分析，方程（4.39）有形如 $y = \mathrm{e}^{\lambda t}$ 的解，从而方程（4.38）有形如 $y = x^{\lambda}$ 的解，那么通过求欧拉方程的形如 $y = x^A$ 的解. 将 $y = x^A$ 代入方程（4.38）再约去因子 x^A ，则可以得到 A 的代数方程

$$A(A-1)\cdots(A-n+1) + b_1 A(A-1)\cdots(A-n+2) + \cdots + b_n = 0, \tag{4.40}$$

上述方程恰好是（4.39）的特征方程. 从而，方程（4.40）的 $m(m \geqslant 1)$ 重实根 $A = A_0$ 对应于方程（4.38）的 m 个解

$$x^{A_0}, x^{A_0}\ln|x|, x^{A_0}\ln^2|x|, \cdots, x^{A_0}\ln^{m-1}|x|$$

而方程（4.40）的 m 重复根 $A = \alpha + \mathrm{i}\beta$ ，对应方程（4.38）的 $2m$ 个实数解

$$x^{\alpha}\cos\left(\beta\ln|x|\right), x^{\alpha}\ln|x|\cos\left(\beta\ln|x|\right), \cdots, x^{\alpha}\ln^{m-1}|x|\cos\left(\beta\ln|x|\right),$$
$$x^{\alpha}\sin\left(\beta\ln|x|\right), x^{\alpha}\ln|x|\sin\left(\beta\ln|x|\right), \cdots, x^{\alpha}\ln^{m-1}|x|\sin\left(\beta\ln|x|\right).$$

例 4.8 求解方程

$$x^2 y'' + 3xy' + y = 0.$$

解 作变换

$$x = \mathrm{e}^t \quad (x > 0),$$

则

$$y' = \frac{dy}{dx} = \frac{1}{x} \cdot \frac{dy}{dt},$$

$$y'' = \frac{d^2 y}{dx^2} = \frac{1}{x^2}\left(\frac{d^2 y}{dt^2} - \frac{dy}{dt}\right).$$

从而方程可以化为

$$\frac{d^2 y}{dt^2} + 2\frac{dy}{dt} + y = 0,$$

得到通解

$$y = c_1 t e^{-t} + c_2 e^{-t}.$$

再将 $t = \ln x$ 代入上式，得已知方程的通解为

$$y = \frac{1}{x}(c_1 \ln x + c_2),\ c_1, c_2 \text{ 为任意常数}.$$

例 4.9 求解方程

$$x^3 y''' - 3x^2 y'' + 6xy' - 6y = 0.$$

解 作变换

$$x = e^t \quad (x > 0),$$

则

$$y' = \frac{dy}{dx} = \frac{1}{x} \cdot \frac{dy}{dt},$$

$$y'' = \frac{d^2 y}{dx^2} = \frac{1}{x^2}\left(\frac{d^2 y}{dt^2} - \frac{dy}{dt}\right),$$

$$y''' = \frac{d^3 y}{dx^3} = \frac{1}{x^3}\left(\frac{d^3 y}{dt^3} - 3\frac{d^2 y}{dt^2} + 2\frac{dy}{dt}\right).$$

从而方程化为

$$\frac{d^3 y}{dt^3} - 6\frac{d^2 y}{dt^2} + 11\frac{dy}{dt} - 6y = 0,$$

得通解

$$y = c_1 e^{3t} + c_2 e^{2t} + c_3 e^t.$$

再将 $t = \ln x$ 代入上式，得到已知方程的通解为

$$y = c_1 x^3 + c_2 x^2 + c_3 x,\ c_1, c_2, c_3 \text{ 为任意常数}.$$

习题 4.2

1. 求解下列常系数齐次线性方程：

（1）$x''' - x = 0$；（2）$x'' + x' - 20x = 0$；

（3）$x''' + 3x' - 4x = 0$；（4）$x^{(4)} - 4x''' + 6x'' - 4x' + x = 0$；

（5）$x^{(4)} + 4x''' + 8x'' + 8x' + 4x = 0$；（6）$t^2x'' + tx' - x = 0$.

2. 求下列方程满足给定初值条件的解：

（1）$x'' - 5x' + 4x = 0$；$x(0) = 5,\ x'(0) = 8$；

（2）$x^{(4)} - x = 0$；$x(0) = 2,\ x'(0) = -1,\ x''(0) = -2,\ x'''(0) = 1$.

3. 讨论当 p,q 取什么值时，方程 $x'' + px' + qx = 0$ 的一切解当 $t \to +\infty$ 时，都趋于零.

4.3 高阶常系数非齐次线性微分方程

本节研究 n 阶常系数非齐次线性微分方程

$$L[x] = x^{(n)} + b_1x^{(n-1)} + b_2x^{(n-2)} + \ldots + b_{n-1}x' + b_nx = g(t) \tag{4.41}$$

的求解问题，其中 $b_i\ (i = 1,2,\cdots,n)$ 为常数，$g(t)$ 是 $[a,b]$ 上的连续函数.

根据 4.1 节，非齐次方程（4.41）的通解等于它所对应的齐次方程的通解与它自身的一个特解之和. 在上一节中已经介绍了如何求齐次方程的通解. 本节主要介绍如何求（4.41）的特解. 在 4.1 节已经介绍了求一般的非齐次方程的特解的常数变易法，但其计算过程比较烦琐. 当方程（4.41）的非齐次项 $g(t)$ 含有特殊形式时，下面介绍更加简便的待定系数法求其特解. 主要考虑如下两种类型的非齐次项.

4.3.1 第一种类型的非齐次方程

设第一种类型的非齐次项 $g(t)$ 为

$$g(t) = Q_m(t)\mathrm{e}^{\lambda t} = (q_0t^m + q_1t^{m-1} + \ldots + q_{m-1}t + q_m)\mathrm{e}^{\lambda t}, \tag{4.42}$$

其中，$q_i\ (i = 0,1,\cdots,m)$，λ 为常数（实数或复数）.

定理 4.9

（1）当 λ 不是特征根时，方程（4.41）有如下形式特解

$$\tilde{x}(t) = P_m(t)\mathrm{e}^{\lambda t} = (p_0t^m + p_1t^{m-1} + \ldots + p_{m-1}t + p_m)\mathrm{e}^{\lambda t}, \tag{4.43}$$

其中，$p_i\ (i = 0,1,\cdots,m)$ 是待定常数，通过比较系数法可以确定.

（2）当 λ 为 k 重特征根时，（4.41）有特解

$$\tilde{x}(t)=t^kP_m(t)e^{\lambda t}=t^k(p_0t^m+p_1t^{m-1}+\ldots+p_{m-1}t+p_m)e^{\lambda t}\,, \tag{4.44}$$

其中，$p_i\ (i=0,1,\cdots,m)$ 是特定常数.

证明 （1）将式（4.43）代入方程（4.41）可得

$$\begin{aligned}&L[P_m(t)e^{\lambda t}]\\&\equiv\frac{d^n}{dt^n}(P_m(t)e^{\lambda t})+b_1\frac{d^{n-1}}{dt^{n-1}}(P_m(t)e^{\lambda t})+\cdots+b_{n-1}\frac{d}{dt}(P_m(t)e^{\lambda t})+b_n(P_m(t)e^{\lambda t})\\&=Q_m(t)e^{\lambda t}.\end{aligned} \tag{4.45}$$

而

$$\frac{d^j}{dt^j}(P_m(t)e^{\lambda t})=p_0\frac{d^j}{dt^j}(t^me^{\lambda t})+p_1\frac{d^j}{dt^j}(t^{m-1}e^{\lambda t})+\cdots+p_m\frac{d^j}{dt^j}(e^{\lambda t})\quad(j=0,1,\cdots,n).$$

因此，式（4.45）可改写为

$$p_0L[t^me^{\lambda t}]+p_1L[t^{m-1}e^{\lambda t}]+\cdots+p_mL[e^{\lambda t}]=Q_m(t)e^{\lambda t}\,, \tag{4.46}$$

根据公式（4.28），有

$$L[t^ke^{\lambda t}]=e^{\lambda t}\sum_{i=0}^{k}C_k^iF^{(i)}(\lambda)t^{k-i},\ k=0,1,\cdots,m.$$

代入式（4.46）且消去公因子 $e^{\lambda t}$，得

$$\begin{aligned}&p_0\sum_{i=0}^{m}C_m^iF^{(i)}(\lambda)t^{m-i}+p_1\sum_{i=0}^{m-1}C_{m-1}^iF^{(i)}(\lambda)t^{m-1-i}+\cdots+p_mF(\lambda)\\&=q_0t^m+q_1t^{m-1}+\cdots+q_{m-1}t+q_m.\end{aligned} \tag{4.47}$$

比较上式两边各项的系数可得

$$\begin{aligned}&t^m:p_0F(\lambda)=q_0,\\&t^{m-1}:p_0C_m^1F'(\lambda)+p_1F(\lambda)=q_1,\\&\qquad\vdots\\&t^0:p_0C_m^mF^{(m)}(\lambda)+p_1C_{m-1}^{m-1}F^{(m-1)}(\lambda)+\cdots+p_mF(\lambda)=q_m.\end{aligned} \tag{4.48}$$

由于 λ 不是特征根，因此 $F(\lambda)\neq 0$. 所以由上式可知能够依次确定 $p_0,p_1,\ldots,p_m$，进而求得特解 $\tilde{x}(t)=(p_0t^m+p_1t^{m-1}+\cdots+p_{m-1}t+p_m)e^{\lambda t}$.

（2）将式（4.44）代入方程（4.41）可得

$$L[t^kP_m(t)e^{\lambda t}]=Q_m(t)e^{\lambda t}.$$

于是类似式（4.47）可得

$$p_0\sum_{i=0}^{k+m}C_{k+m}^iF^{(i)}(\lambda)t^{k+m-i}+p_1\sum_{i=0}^{k+m-1}C_{k+m-1}^iF^{(i)}(\lambda)t^{k+m-1-i}+\cdots+p_m\sum_{i=0}^{k}C_k^iF^{(i)}(\lambda)t^{k-i}$$

$$= q_0 t^m + q_1 t^{m-1} + \cdots + q_{m-1} t + q_m \tag{4.49}$$

因为 λ 是方程（4.22）的 k 重根，因此

$$F(\lambda) = F'(\lambda) = \cdots = F^{(k-1)}(\lambda) = 0 \ , \tag{4.50}$$

而 $F^{(k)}(\lambda) \neq 0$.

比较式（4.49）两边各项的系数可得

$$\begin{aligned}
&t^m : p_0 C_{k+m}^k F^{(k)}(\lambda) = q_0, \\
&t^{m-1} : p_0 C_{m+k}^{1+k} F^{(k+1)}(\lambda) + p_1 C_{m+k-1}^k F^{(k)}(\lambda) = q_1, \\
&\qquad \vdots \\
&t^0 : p_0 C_{m+k}^{m+k} F^{(m+k)}(\lambda) + p_1 C_{m+k-1}^{m+k-1} F^{(m+k-1)}(\lambda) + \cdots + p_m C_k^k F^{(k)}(\lambda) = q_m.
\end{aligned} \tag{4.51}$$

因此，由上式及 $F^{(k)}(\lambda) \neq 0$ 能够依次确定 $p_0, p_1, \ldots, p_m$，进而求得特解

$$\tilde{x}(t) = t^k (p_0 t^m + p_1 t^{m-1} + \cdots + p_{m-1} t + p_m) \mathrm{e}^{\lambda t} .$$

证毕.

若非齐次方程（4.41）可以写成

$$L[x] = x^{(n)} + b_1 x^{(n-1)} + b_2 x^{(n-2)} + \cdots + b_{n-1} x' + b_n x = g_1(t) + g_2(t) \ , \tag{4.52}$$

则方程（4.52）的解满足如下的叠加原理.

定理 4.10（叠加原理） 设 $x_1(t), x_2(t)$ 分别是方程

$$L[x] = g_1(t), \ L[x] = g_2(t) \tag{4.53}$$

的解，则 $x_1(t) + x_2(t)$ 是方程（4.52）的解.

证明 显然，

$$L[x_1(t)] = g_1(t), \ L[x_2(t)] = g_2(t) \ ,$$

所以

$$L[x_1(t) + x_2(t)] = L[x_1(t)] + L[x_2(t)] = g_1(t) + g_2(t) \ .$$

即 $x_1(t) + x_2(t)$ 是方程（4.52）的解. 证毕.

例 4.10 求方程 $x'' + 6x' + 5x = e^{2t}$ 的通解.

解 该方程所对应的齐次方程为 $x'' + 6x' + 5x = 0$，其特征方程为

$$\lambda^2 + 6\lambda + 5 = 0 \ ,$$

解得特征根为 $\lambda_1 = -1, \ \lambda_2 = -5,$ 因此齐次方程的通解为

$$x = C_1 \mathrm{e}^{-t} + C_2 \mathrm{e}^{-5t}, \ C_1, C_2 \text{ 为任意常数.}$$

因为 2 不是特征根，因此原方程有形如

$$x_1 = A\mathrm{e}^{2t}$$

的特解. 将上式代入原方程，比较系数可得

$$A=\frac{1}{21},$$

即

$$x_1=\frac{1}{21}e^{2t},$$

所以原方程的通解为

$$x=C_1e^{-t}+C_2e^{-5t}+\frac{1}{21}e^{2t},$$

其中， C_1,C_2 为任意常数.

例 4.11 求方程 $x''-4x'+4x=e^t+e^{2t}+1$ 的通解.

解 该方程所对应的齐次方程为 $x''-4x'+4x=0$ 其特征方程为

$$\lambda^2-4\lambda+4=0,$$

解得特征根为 $\lambda=2$ 的二重根. 因此齐次方程的通解为

$$x(t)=(C_1+C_2t)e^{2t},\ C_1,C_2\text{ 为任意常数}.$$

由于 2 是二重特征根，0 和 1 不是特征根，因此根据叠加原理，可知原方程有形如

$$x_1=A+Be^t+Ct^2e^{2t}$$

的特解. 将上式代入原方程，比较系数可得

$$A=\frac{1}{4},\ B=1,\ C=\frac{1}{2},$$

即

$$x_1=\frac{1}{4}+e^t+\frac{1}{2}t^2e^{2t}.$$

所以原方程的通解为

$$x(t)=e^{2t}(C_1+C_2t)+\frac{1}{4}+e^t+\frac{1}{2}t^2e^{2t},\ C_1,C_2\text{ 为任意常数}.$$

4.3.2 第二种类型的非齐次方程

设

$$g(t)=e^{\lambda t}(Q_m^{(1)}(t)\cos\beta t+Q_m^{(2)}(t)\sin\beta t), \tag{4.54}$$

其中，λ,β 是常数，$Q_m^{(1)}(t),Q_m^{(2)}(t)$ 是 t 的次数不高于 m 的多项式，二者中至少有一个次数是 m.由欧拉公式可得

$$\cos\beta t=\frac{1}{2}(\mathrm{e}^{\mathrm{i}\beta t}+\mathrm{e}^{-\mathrm{i}\beta t}),\quad \sin\beta t=\frac{1}{2i}(\mathrm{e}^{\mathrm{i}\beta t}-\mathrm{e}^{-\mathrm{i}\beta t}),$$

从而 $g(t)$ 可以表示成如下形式

$$\begin{aligned}g(t)&=\left[Q_m^{(1)}(t)\cdot\frac{1}{2}(\mathrm{e}^{\mathrm{i}\beta t}+\mathrm{e}^{-\mathrm{i}\beta t})+Q_m^{(2)}(t)\cdot\frac{1}{2i}(\mathrm{e}^{\mathrm{i}\beta t}-\mathrm{e}^{-\mathrm{i}\beta t})\right]\mathrm{e}^{\lambda t}\\&=\frac{1}{2}[Q_m^{(1)}(t)-iQ_m^{(2)}(t)]\mathrm{e}^{(\lambda+\mathrm{i}\beta)t}+\frac{1}{2}\left[Q_m^{(1)}(t)+\mathrm{i}Q_m^{(2)}(t)\right]\mathrm{e}^{(\lambda-\mathrm{i}\beta)t}\\&=\hat{Q}_m^{(1)}(t)\mathrm{e}^{(\lambda+\mathrm{i}\beta)t}+\hat{Q}_m^{(2)}(t)\mathrm{e}^{(\lambda-\mathrm{i}\beta)t}\\&=g_1(t)+g_2(t),\end{aligned}$$

其中，$g_1(t)=\hat{Q}_m^{(1)}(t)\mathrm{e}^{(\lambda+\mathrm{i}\beta)t}$，$g_2(t)=\hat{Q}_m^{(2)}(t)\mathrm{e}^{(\lambda-\mathrm{i}\beta)t}$．同时，$\hat{Q}_m^{(1)}(t),\hat{Q}_m^{(2)}(t)$ 为次数不超过 m 的多项式.因此，根据 4.3.1 节的讨论和叠加原理，关于具有（4.54）形式的非齐次项的方程（4.41）有如下的结论.

定理 4.11

（1）若 $\lambda\pm\mathrm{i}\beta$ 是 $k(\geqslant 0)$ 重特征根，则方程（4.41）有形如

$$\hat{x}(t)=t^k[P_m^{(1)}(t)\mathrm{e}^{(\lambda+\mathrm{i}\beta)t}+P_m^{(2)}(t)\mathrm{e}^{(\lambda-\mathrm{i}\beta)t}]\tag{4.55}$$

的特解，其中 $P_m^{(1)}(t),\ P_m^{(2)}(t)$ 均为系数待定的 m 次多项式. 若 $k=0$ 表明 $\lambda\pm\mathrm{i}\beta$ 不是特征根.

（2）若方程（4.41）中的系数 $b_1,b_2,\cdots,b_n$ 和（4.54）中的 $g(t)$ 表达式中的 λ,β 及 $Q_m^{(1)}(t)$, $Q_m^{(2)}(t)$ 中的系数均为实常数，则 $g_1(t)=\overline{g}_2(t)$，从而如果 $x_1(t)$ 为 $L[x]=g_1(t)$ 的解，则 $\overline{x}_1(t)$ 为 $L[x]=g_2(t)$ 的解. 因此，方程（4.41）有如下形式的实解

$$\begin{aligned}\hat{x}(t)&=t^kR_m(t)\mathrm{e}^{(\lambda-i\beta)t}+t^k\overline{R}_m(t)\mathrm{e}^{(\lambda+\mathrm{i}\beta)t}\\&=t^k(P_m(t)\cos\beta t+D_m(t)\sin\beta t)\mathrm{e}^{\lambda t},\end{aligned}\tag{4.56}$$

其中，k 是特征根 $\lambda+\mathrm{i}\beta$ 的重数（$\lambda+\mathrm{i}\beta$ 不是特征根时，k 取 0），$P_m(t)=2\operatorname{Re}R_m(t)$，$D_m(t)=2\operatorname{Im}R_m(t)$，$R_m(t)$ 是 t 的 m 次多项式. 因此，$P_m(t),\ D_m(t)$ 为 t 的次数不超过 m 的实系数多项式.

特别地，若 $g(t)$ 具有如下特殊情形

$$g(t)=P_m^1(t)\mathrm{e}^{\lambda t}\cos\beta t\quad\text{或者}\quad g(t)=P_m^2(t)\mathrm{e}^{\lambda t}\sin\beta t,$$

则方程（4.41）的特解仍具有式（4.54）或式（4.55）的形式.

例 4.12 求方程 $x''+3x'=2\sin t+\cos t$ 的通解.

解 该方程对应齐次方程的特征方程为

$$\lambda^2+3\lambda=0,$$

特征根为 $\lambda_1=0,\ \lambda_2=-3$，所以对应齐次方程的通解为

$$x = C_1 + C_2 e^{-3t} .$$

另外，设方程有形如

$$x = A\cos t + B\sin t$$

的特解，并将上述特解代入原方程，可得

$$A = -\frac{7}{10},\ B = \frac{1}{10} ,$$

所以，所求方程的通解为

$$x = C_1 + C_2 e^{-3t} - \frac{7}{10}\cos t + \frac{1}{10}\sin t ,$$

其中，C_1, C_2 为任意常数.

例 4.13 求非齐次方程 $x'' + x = \sin t - \cos 2t$ 的通解.

解 原方程对应齐次方程的特征方程为

$$\lambda^2 + 1 = 0 .$$

其特征根为 $\lambda_1 = i,\ \lambda_2 = -i$，所以对应的齐次方程的通解为

$$y = C_1 \cos t + C_2 \sin t .$$

由于 ±i 是特征根，而 ±2i 不是特征根，所以已知方程有形如

$$y = t(A\cos t + B\sin t) + D\cos 2t + F\sin 2t$$

的特解. 并将上述特解代入已知方程，可得

$$A = -\frac{1}{2},\ B = 0,\ D = \frac{1}{3},\ F = 0 .$$

所以，所求方程的通解为

$$x = C_1 \cos t + C_2 \sin t - \frac{1}{2} t\cos t + \frac{1}{3}\cos 2t ,$$

其中，C_1, C_2 为任意常数.

习题 4.3

求下列非齐次线性方程的解：

（1）$x'' - a^2 x = t + 1$（a 为常数）；

（2）$x'' - 8x' + 7x = 3t^2 + 7t + 8$；

（3）$x''' + 3x'' + 3x' + x = e^{-t}(t-5)$；

（4）$x'' + x' - 2x = e^t(\cos t - 7\sin t)$；

（5）$t^2 x'' - 4tx' + 6x = t$；

（6）$t^2 x'' - 3tx' - 8x = t\ln t$.

4.4 幂级数解法与拉普拉斯变换法

在微积分学中，在满足某些条件下，可以用幂级数表示一个函数. 因此，本节研究能否用幂级数表示微分方程的解.

4.4.1 幂级数解法

考虑二阶线性常微分方程

$$b_0(t)x''+b_1(t)x'+b_2(t)x=0 \tag{4.57}$$

的幂级数解法.

定理 4.12 若 $b_0(t),b_1(t),b_2(t)$ 在某点 t_0 的邻域内可以展成 $(t-t_0)$ 的幂级数，则有如下结论：

（1）当 $b_0(t_0)\neq 0$ 时，方程（4.57）的解在 t_0 的邻域内也能展成 $(t-t_0)$ 的幂级数

$$x=\sum_{n=0}^{\infty}p_n(t-t_0)^n .$$

（2）当 t_0 是 $b_0(t)$ 的 s 重零点，是 $b_1(t)$ 的不低于 $s-1$ 重零点（ $s>1$ ），是 $b_2(t)$ 的不低于 $s-2$ 重零点（ $s>2$ ）时，则方程（4.57）至少有一个如下形式的广义幂级数解

$$x=(t-t_0)^r\sum_{n=0}^{\infty}p_n(t-t_0)^n , \tag{4.58}$$

其中，r 是一个实数.

例 4.14 用幂级数解法求方程 $x''+tx'+x=0$ 的解.

解 显然，$b_1(t)=t,\ b_2(t)=1$ 可在 $t_0=0$ 的邻域内展开成幂级数，所以原方程有形如

$$x=\sum_{n=0}^{\infty}p_nt^n \tag{4.59}$$

的幂级数解. 将式（4.59）及其导数代入原方程，可以得到

$$\sum_{n=2}^{\infty}n(n-1)p_nt^{n-2}+\sum_{n=1}^{\infty}np_nt^{n-1}+\sum_{n=0}^{\infty}p_nt^n=0 ,$$

化简得

$$(2p_2+p_0)+\sum_{n=3}^{\infty}[n(n-1)p_n+(n-1)p_{n-2}]t^{n-2}=0 .$$

比较系数，可得

$$2p_2+p_0=0,\ 3\cdot 2p_3+2p_1=0,\cdots$$
$$n(n-1)p_n+(n-1)p_{n-2}=0\quad (n\geqslant 4),$$

即

$$p_2=-\frac{p_0}{2},\ p_3=-\frac{p_1}{3},\ \cdots,\ p_n=-\frac{p_{n-2}}{n},\ \cdots$$

也就是

$$p_{2n}=(-1)^n\frac{1}{2^n n!}p_0,\ p_{2n+1}=\frac{(-1)^n}{1\cdot 3\ \cdots\cdots(2n+1)}p_1\quad(n\geqslant 1).$$

综上，通解为

$$x=p_0\sum_{n=0}^{\infty}\frac{1}{n!}\left(-\frac{t^2}{2}\right)^n+p_1\sum_{n=0}^{\infty}\frac{(-1)^n}{1\cdot 3\cdots\cdots(2n+1)}t^{2n+1},$$

即

$$x=p_0e^{-\frac{t^2}{2}}+p_1\sum_{n=0}^{\infty}\frac{(-1)^n}{1\cdot 3\cdots\cdots(2n+1)}t^{2n+1}.$$

4.4.2 拉普拉斯变换法

本小节介绍另外一种求解初值问题的方法——拉普拉斯变换法. 其基本思想是，先通过拉普拉斯变换将已知方程化成代数方程，求出代数方程的解，再通过拉普拉斯逆变换或查拉普拉斯变换表，便可得到所求初值问题的解.

定义 4.4 设函数 $g(t)$ 在区间 $[0,\ \infty)$ 上有定义，如果含参变量 s 的无穷积分 $\int_0^{+\infty}\mathrm{e}^{-st}g(t)\,\mathrm{d}t$ 对 s 的某一取值范围是收敛的，则称

$$G(s)=\int_0^{+\infty}\mathrm{e}^{-st}g(t)\,\mathrm{d}t \tag{4.60}$$

为函数 $g(t)$ 的拉普拉斯变换，$g(t)$ 称作原函数，$G(s)$ 称作象函数，并记作

$$\mathscr{L}\left[g(t)\right]=G(s).$$

在拉普拉斯变换的一般理论中，积分（4.60）中的 s 是复数. 在本书接下来的讨论中，假设 s 为实数，这对于解决许多问题已经足够了.

定理 4.13 若函数 $g(t)$ 在区间 $[0,\ \infty)$ 上逐段连续，且存在常数 $M>0,\ s_0\geqslant 0$，使得对于一切 $t\geqslant 0$ 有 $|g(t)|<M\mathrm{e}^{s_0 t}$，则当 $s>s_0$ 时，$G(s)$ 存在.

证明 当 $s>s_0$ 时，成立

$$\begin{aligned}&\left|\int_0^{+\infty}e^{-st}g(t)\,\mathrm{d}t\right|\\ \leqslant&\int_0^{+\infty}\mathrm{e}^{-st}\left|g(t)\right|\mathrm{d}t\leqslant M\int_0^{+\infty}\mathrm{e}^{-(s-s_0)t}\,\mathrm{d}t=\frac{M}{s-s_0}.\end{aligned}$$

证毕.

定理 4.14 拉普拉斯变换具有如下性质：

（1）**（线性性质）** 若函数 $g(t)$ 和 $h(t)$ 均满足定理 4.13 中 $g(t)$ 满足的条件，则在它们象函数定义域的共同部分上有

$$\mathcal{L}[\alpha g(t)+\beta h(t)]=\alpha\mathcal{L}[g(t)]+\beta\mathcal{L}[h(t)], \tag{4.61}$$

其中，α, β 为常数.

（2）**（原函数的微分性质）** 若 $g'(t),g''(t),g'''(t),\cdots,g^{(n)}(t)$ 都满足定理 4.13 中 $g(t)$ 所满足的条件，则

$$\mathcal{L}[g'(t)]=s\mathcal{L}[g(t)]-g(0). \tag{4.62}$$

更一般地，成立：

$$\mathcal{L}[g^{(n)}(t)]=s^n\mathcal{L}[g(t)]-s^{n-1}g(0)-s^{n-2}g'(0)-\cdots-g^{(n-1)}(0). \tag{4.63}$$

（3）**（象函数的微分性质）** 若 $\mathcal{L}[g(t)]=G(s)$，则

$$G'(s)=-\int_0^{+\infty}t\mathrm{e}^{-st}g(t)\,\mathrm{d}t=-\mathcal{L}[tg(t)].$$

更一般地，成立：

$$G^{(n)}(s)=(-1)^n\int_0^{+\infty}t^n\mathrm{e}^{-st}g(t)\,\mathrm{d}t=(-1)^n\mathcal{L}[t^ng(t)]. \tag{4.64}$$

（4）若 $G(s)=\mathcal{L}[g(t)]$，则

$$\mathcal{L}[e^{at}g(t)]=G(s-a).$$

接下来，借助拉普拉斯变换，求解二阶常系数线性方程的初值问题.

$$\begin{cases}x''+b_0x'+b_1x=g(t),\\ x(0)=x_0,\ x'(0)=x_0'.\end{cases} \tag{4.65}$$

设 $X(s)=\mathcal{L}[x(t)]$, $G(s)=\mathcal{L}[g(t)]$.

对方程（4.65）两边作拉普拉斯变换，可以得到

$$\mathcal{L}[x''(t)+b_0x'(t)+b_1x(t)]=\mathcal{L}[g(t)].$$

由线性性质得到

$$\mathcal{L}[x''(t)]+b_0\mathcal{L}[x'(t)]+b_1\mathcal{L}[x(t)]=\mathcal{L}[g(t)]=G(s).$$

再由微分性质得到

$$(s^2X(s)-sx_0-x_0')+b_0(sX(s)-x_0)+b_1X(s)=G(s),$$

解得

$$X(s)=\frac{(s+b_0)x_0}{s^2+b_0s+b_1}+\frac{x_0'}{s^2+b_0s+b_1}+\frac{G(s)}{s^2+b_0s+b_1}=\mathscr{L}[x(t)]\,. \tag{4.66}$$

上述式子给出了初值问题（4.65）的解 $x(t)$ 的拉普拉斯变换.

由象函数 $X(s)$ 求出原函数 $x(t)$ 的运算称作**拉普拉斯逆变换**，记作

$$\mathscr{L}^{-1}[X(s)]=x(t)\,.$$

事实上，直接去求 $X(s)$ 的逆变换，计算比较复杂. 在使用拉普拉斯变换法求解初值问题时，是用部分分式方法将 $X(s)$ 分解成最简分式，使得其中每一项的原函数均可根据拉普拉斯变换表（见表 4.1）查到原函数.

表 4.1　拉普拉斯变换

序号	原函数 $f(t)$	象函数 $F(s)=\int_0^{+\infty}e^{-st}f(t)dt$	$F(s)$ 的定义域
1	1	$\frac{1}{s}$	$s>0$
2	t	$\frac{1}{s^2}$	$s>0$
3	t^n（n 是正整数）	$\frac{n!}{s^{n+1}}$	$s>0$
4	e^{at}	$\frac{1}{s-a}$	$s>a$
5	te^{at}	$\frac{1}{(s-a)^2}$	$s>a$
6	t^ne^{at}（n 是正整数）	$\frac{n!}{(s-a)^{n+1}}$	$s>a$
7	$\sin\omega t$	$\frac{\omega}{s^2+\omega^2}$	$s>0$
8	$\cos\omega t$	$\frac{s}{s^2+\omega^2}$	$s>0$
9	$\mathrm{sh}\omega t$	$\frac{\omega}{s^2-\omega^2}$	$s>\omega$
10	$\mathrm{ch}\omega t$	$\frac{s}{s^2-\omega^2}$	$s>\omega$

续表

序号	原函数 $f(t)$	象函数 $F(s)=\int_0^{+\infty}e^{-st}f(t)dt$	$F(s)$ 的定义域
11	$t\sin\omega t$	$\dfrac{2s\omega}{(s^2+\omega^2)^2}$	$s>0$
12	$t\cos\omega t$	$\dfrac{s^2-\omega^2}{(s^2+\omega^2)^2}$	$s>0$
13	$e^{at}\sin\omega t$	$\dfrac{\omega}{(s-a)^2+\omega^2}$	$s>a$
14	$e^{at}\cos\omega t$	$\dfrac{s-a}{(s-a)^2+\omega^2}$	$s>a$
15	$te^{at}\sin\omega t$	$\dfrac{2\omega(s-a)}{[(s-a)^2+\omega^2]^2}$	$s>a$
16	$te^{at}\cos\omega t$	$\dfrac{(s-a)^2-\omega^2}{[(s-a)^2+\omega^2]^2}$	$s>a$

例 4.15 用拉普拉斯变换法求解下列初值问题.

$$x''-2x'+2x=e^{-t},\ x(0)=0,\ x'(0)=1.$$

解 对方程两端进行拉普拉斯变换，可以得到

$$s^2X(s)-1-2sX(s)+2X(s)=\frac{1}{s+1},$$

化简得

$$\begin{aligned}X(s)&=\frac{s+2}{(s+1)(s^2-2s+2)}\\&=\frac{1}{5}\cdot\frac{1}{s+1}-\frac{1}{5}\cdot\frac{s-1}{(s-1)^2+1}+\frac{7}{5}\cdot\frac{1}{(s-1)^2+1},\end{aligned}$$

再求逆变换 $\mathscr{L}^{-1}[X(s)]$，得到原初值问题的解为

$$x(t)=\frac{1}{5}e^{-t}+e^{t}\left(-\frac{1}{5}\cos t+\frac{7}{5}\sin t\right).$$

习题 4.4

1. 求方程 $x''-2tx'-4x=0$ 的满足初值条件 $x(0)=0,x'(0)=1$ 的解.
2. 用拉普拉斯变换法求解下列初值问题：

$$x''-x'+2x+3=0;\ x(0)=1,\ x'(0)=0.$$

4.5 高阶微分方程的降阶

n 阶微分方程一般地可以写为

$$G(t,x,x',\cdots,x^{(n)})=0\ .$$

下面讨论三类特殊方程的降阶问题.

第一类：方程不显含未知函数 x，即方程形如

$$G(t,x^{(k)},x^{(k+1)},\cdots,x^{(n)})=0,\quad (1\leqslant k\leqslant n)\ . \tag{4.67}$$

若令 $x^{(k)}=y$，则方程降为关于 y 的 $n-k$ 阶方程

$$G(t,y,y',\cdots,y^{(n-k)})=0\ . \tag{4.68}$$

若能求得方程（4.68）的通解

$$y=\varphi(t,c_1,c_2,\cdots,c_{n-k})\ ,$$

即

$$x^{(k)}=\varphi(t,c_1,c_2,\cdots,c_{n-k})\ .$$

再经过 k 次积分有

$$x=\varphi(t,c_1,c_2,\cdots,c_n)\ ,$$

其中，$c_1,c_2,\cdots,c_n$ 为任意常数，易得此为方程（4.67）的通解.

例 4.16 求解方程

$$x^{(4)}-\frac{1}{t}x^{(3)}=0\ .$$

解 令 $x^{(3)}=y$，则方程化为

$$y'-\frac{1}{t}y=0\ ,$$

可求得通解

$$y=ct\ ,$$

即

$$x^{(3)}=\frac{\mathrm{d}^3y}{\mathrm{d}x^3}=c_1t\ .$$

经过三次积分可得

$$x=c_1t^4+c_2t^2+c_3t+c_4\ ,$$

其中，c_1,c_2,c_3,c_4为任意常数，这就是原方程的通解.

第二类：不显含自变量t的方程，形如

$$G(x,x',\cdots,x^{(n)})=0. \tag{4.69}$$

令$x'=y$，则

$$x''=\frac{\mathrm{d}y}{\mathrm{d}t}=x'\cdot\frac{\mathrm{d}y}{\mathrm{d}x}=y\frac{\mathrm{d}y}{\mathrm{d}x},$$
$$x'''=\frac{\mathrm{d}}{\mathrm{d}t}\left(y\frac{\mathrm{d}y}{\mathrm{d}x}\right)=y\left(\frac{\mathrm{d}y}{\mathrm{d}x}\right)^2+y^2\frac{\mathrm{d}^2y}{\mathrm{d}x^2},$$

利用数学归纳法可得$x^{(k)}$能用$y,\frac{\mathrm{d}y}{\mathrm{d}x},\cdots,\frac{\mathrm{d}^{k-1}y}{\mathrm{d}x^{k-1}}$来表示$(k\leqslant n)$. 将这些表达式代入式（4.69）有

$$F\left(x,y,\frac{\mathrm{d}y}{\mathrm{d}x},\cdots,\frac{\mathrm{d}^{n-1}y}{\mathrm{d}x^{n-1}}\right)=0,$$

这个方程是关于x,y的$n-1$阶方程，比原方程（4.69）低一阶.

例 4.17 求解方程

$$x''=\frac{1}{2x'}.$$

解 令$x'=y$，则

$$x''=\frac{\mathrm{d}y}{\mathrm{d}t}=x'\cdot\frac{\mathrm{d}y}{\mathrm{d}x}=y\frac{\mathrm{d}y}{\mathrm{d}x}.$$

代入原方程有

$$y\frac{\mathrm{d}y}{\mathrm{d}x}=\frac{1}{2y}.$$

求得方程通解为

$$y^3=\frac{3}{2}x+c_1.$$

将$x'=y$代入上式得

$$(x')^3=\frac{3}{2}x+c_1,$$

求得原方程的通解为

$$\left(\frac{3}{2}x+c_1\right)^{\frac{2}{3}}=t+c_2,$$

其中，c_1,c_2为任意常数.

第三类：形如齐次线性微分方程

$$x^{(n)}+b_1(t)x^{(n-1)}+\cdots+b_n(t)x=0 \tag{4.70}$$

方程（4.70）的求解问题归结为寻找方程的 n 个线性无关的特解，但没有通用方法. 但是，若方程的一个非零特解已知，则利用变换，方程可降低一阶；或若方程的 k 个线性无关特解已知，则通过一系列同类型的变换，方程可以降低 k 阶，从而得到新的 $n-k$ 阶方程，这个新得到的方程也是齐次线性微分方程.

设 $x_1,\cdots,x_k$ 是方程（4.70）的 k 个线性无关解，显然，$x_i\neq 0\ (i=1,2,\cdots,k)$.

令 $x=x_k y$，则有

$$\begin{aligned}
&x'=x_k y'+x_k' y,\\
&x''=x_k y''+2x_k' y'+x_k'' y,\\
&\quad\vdots\\
&x^{(n)}=x_k y^{(n)}+nx_k' y^{(n-1)}+\frac{n(n-1)}{2}x_k'' y^{(n-2)}+\cdots+x_k^{(n)}y.
\end{aligned}$$

将上述等式代入方程（4.70），得到

$$x_k y^{(n)}+(nx_k'+b_1(t)x_k)y^{(n-1)}+\cdots+(x_k^{(n)}+b_1(t)x_k^{(n-1)}+\cdots+b_n(t)x_k)y=0,$$

这是关于 y 的 n 阶方程，且各项系数是 t 的已知函数. 因为 x_k 是方程（4.70）的解，故 y 的系数恒为 0，从而若引入新的未知函数 $z=y'$，且在 $x_k\neq 0$ 的区间上用 x_k 除方程的各项，可以得到形如

$$z^{(n-1)}+\beta_1(t)z^{(n-2)}+\cdots+\beta_{n-1}(t)z=0. \tag{4.71}$$

的 $n-1$ 阶齐次线性微分方程.

方程（4.71）的解与方程（4.70）的解之间的关系，由以上变换知

$$z=y'=\left(\frac{x}{x_k}\right)'，\ 或\ x=x_k\int z\mathrm{d}t.$$

因此，对于方程（4.71），可以知道它的 $k-1$ 个线性无关解

$$z_i=\left(\frac{x_i}{x_k}\right)',\ (i=1,2,\cdots,k-1).$$

事实上，$z_1,z_2,\cdots,z_{k-1}$ 是方程（4.71）的解，假设这 $k-1$ 个解有以下关系

$$a_1z_1+a_2z_2+\cdots+a_{k-1}z_{k-1}=0,$$

其中，$a_1,a_2,\cdots,a_{k-1}$ 是常数，则

$$a_1\left(\frac{x_1}{x_k}\right)+a_2\left(\frac{x_2}{x_k}\right)+\cdots+a_{k-1}\left(\frac{x_{k-1}}{x_k}\right)=-a_k.$$

从而

$$a_1x_1+a_2x_2+\cdots+a_{k-1}x_{k-1}+a_kx_k=0.$$

由于$x_1,\cdots,x_k$线性无关，则一定有$a_1=a_2=\cdots=a_{k-1}=a_k=0$. 因此，$z_1,z_2,\cdots,z_{k-1}$线性无关.

类似地，对方程（4.71）仿照以上做法，令$z=z_{k-1}\int u\mathrm{d}t$，则方程化为关于$u$的$n-2$阶齐次线性微分方程

$$u^{(n-2)}+\gamma_1(t)u^{(n-3)}+\cdots+\gamma_{n-2}(t)u=0. \tag{4.72}$$

从而方程（4.72）有$k-2$个线性无关解

$$u_i=\left(\frac{z_i}{z_{k-1}}\right)',(i=1,2,\cdots,k-2).$$

通过上述讨论，利用k个线性无关特解当中的一个解x_k可以把方程（4.70）降低一阶，成为$n-1$阶齐次线性微分方程（4.71），且知它的$k-1$个线性无关解；再利用两个线性无关解x_{k-1},x_k，则可以把方程（4.70）降低二阶，成为$n-2$阶齐次线性微分方程（4.72），同时知它的$k-2$个线性无关解. 以此类推，继续上述方法，若利用了方程的k个线性无关解$x_1,\cdots,x_k$，则最后可以得到一个$n-k$阶的齐次线性微分方程，即将方程（4.70）降低k阶.

特别地，对于二阶齐次线性微分方程，若已知一个非零解，则可以求解方程.

设$x=x_1\neq 0$是二阶齐次线性微分方程

$$x''+b_1(t)x'+b_2(t)x=0. \tag{4.73}$$

的解，则通过上述分析，经变换$x=x_1\int y\mathrm{d}t$后，方程化为

$$x_1\frac{\mathrm{d}y}{\mathrm{d}t}+[2x_1'+b_1(t)x_1]y=0.$$

此为一阶线性微分方程，解得

$$y=c_1\frac{1}{x_1^2}\mathrm{e}^{-\int b_1(t)\mathrm{d}t},$$

因此

$$x=x_1\left[c_2+c_1\int\frac{1}{x_1^2}\mathrm{e}^{-\int b_1(t)\mathrm{d}t}\mathrm{d}t\right], \tag{4.74}$$

其中，c_1,c_2是任意常数.

取$c_1=1,\ c_2=0$，则得到方程（4.73）的一个特解

$$x=x_1\int\frac{1}{x_1^2}\mathrm{e}^{-\int b_1(t)\mathrm{d}t}\mathrm{d}t,$$

显然，x与x_1线性无关（因为x_1与x之比不为常数），从而表达式（4.74）是方程（4.73）的通解.

事实上，还可以根据刘维尔公式（4.17）降阶.特别地，当$n=2$时，如果已知方程的一个非零解x_1，根据刘维尔公式，可以用积分的方法求出与x_1线性无关的另一个解，进而得到方程（4.73）的通解.

习题 4.5

求解下列方程：

（1） $x''+\dfrac{2}{1-x}(x')^2=0$；

（2） $x''+\sqrt{1-(x')^2}=0$.

第 5 章 定性理论初步

研究微分方程的主要目的是求解和确定解的属性，即微分方程的研究主要分为定量和定性两个部分. 由于绝大多数的微分方程不能通过初等方法求得解析解，人们的研究重心逐渐转向定性部分的相关问题，例如直接通过微分方程本身的结构来研究解的属性，或研究由微分方程定义的积分曲线的分布情形等.

微分方程定性理论是由法国数学家庞卡莱（Poincaré）（1854—1912）在 19 世纪 80 年代所开创的. 同一时期，俄罗斯数学家李雅普诺夫（Liapunov）（1857—1918）对微分方程解的稳定性作了深入的研究，是微分方程定性理论的共同开创者. 美国数学家伯克霍夫（Birkhoff）（1884—1944）继承和发展了定性理论，并提出了动力系统的概念.经过一百多年的发展，微分方程定性理论已经成为一个重要的数学分支，并广泛渗透到了自然科学、工程技术和社会科学的多个领域.

近年来，电子计算机的广泛应用和其日新月异的进展为微分方程的定量研究提供了有力的新工具，特别是促进了对微分方程近似解法的研究.然而作为定量计算的理论基础，微分方程定性理论的研究仍是不可或缺的，并且在系统对微小误差都十分敏感的情况下，定性理论的分析办法往往更为有效.

本章将对微分方程定性理论中所涉及的基本概念和方法做一个初步的介绍.

5.1 基本概念

考虑常微分方程

$$\frac{d\boldsymbol{x}}{dt}=\boldsymbol{f}(t,\boldsymbol{x}), \tag{5.1}$$

其中 $t\in\mathbb{R}$，$\boldsymbol{x}\in\mathbb{R}^n$，$\boldsymbol{f}$ 是某一区域 $G\in\mathbb{R}\times\mathbb{R}^n$ 到 $\mathbb{R}^n$ 上的多元向量值函数.若特别地，$\boldsymbol{f}(t,\boldsymbol{x})$ 只

和 $\boldsymbol{x}$ 有关，即方程为

$$\frac{\mathrm{d}\boldsymbol{x}}{\mathrm{d}t}=\boldsymbol{f}(\boldsymbol{x}), \tag{5.2}$$

则称该微分方程为自治微分方程或自治系统，反之则称其为非自治系统.本节主要考虑自治系统的定性理论相关问题. 从物理上看，方程（5.2）刻画的是一个质点在空间 $\mathbb{R}^n$ 中的运动方程，在空间中的每一点 $\boldsymbol{x}$ 处的速度为方程组所给定的

$$\boldsymbol{f}(\boldsymbol{x})=(f_1(\boldsymbol{x}),\ldots,f_n(\boldsymbol{x})),\quad \boldsymbol{x}\in\mathbb{R}^n. \tag{5.3}$$

称 $\boldsymbol{x}$ 取值的空间 $\mathbb{R}^n$ 为相空间，而称 $(t,\boldsymbol{x})$ 取值的空间 $\mathbb{R}\times\mathbb{R}^n$ 为增广相空间，并将相空间以及其上面每一点处都定义的速度的整体（5.3）称为向量场.若方程（5.2）满足解的存在唯一性定理的条件，那么对任意给定的初值 $(t_0,\boldsymbol{x}_0)$ 所对应的解

$$\boldsymbol{x}=\varphi(t;t_0,\boldsymbol{x}_0)$$

是相空间中与向量场吻合的一条光滑曲线（称为轨线）的参数表示，其中时间 t 为参数，而参数 t_0 对应于轨线上的点 $\boldsymbol{x}_0$. 随着时间 t 的演变，质点在相空间中沿轨线运动，通常在轨线上用箭头标明相应于时间 t 增大时的运动方向.可以看出，轨线是增广相空间中的积分曲线沿 t 轴向相空间中的投影，它是质点的运动轨迹.我们面对的任务就是从向量场（5.3）的特性出发，去获取方程（5.2）的轨线的几何特征，或者更进一步地去给出全局的轨线结构分布（称为相图）.

例 5.1 考虑方程

$$\begin{cases}\dfrac{\mathrm{d}x}{\mathrm{d}z}=-y,\\[2mm] \dfrac{\mathrm{d}y}{\mathrm{d}z}=x,\end{cases}$$

容易验证其满足初始条件 $x(0)=0$， $y(0)=-1$ 的解为

$$x(z)=\cos\left(z-\frac{\pi}{2}\right),\quad y(z)=\sin\left(z-\frac{\pi}{2}\right).$$

可根据表达式绘制出方程的积分曲线如图 5-1 所示. 积分曲线在相空间 Oxy 平面的投影，即解对应的轨线正是以 O 为圆心的单位圆.易见方程的相图是由以 O 为圆心任意半径的同心圆族构成的.特别地， $O=(0,0)$ 本身也是一条轨线，对应的是以 O 为初始条件的解.

从上面的例子中看出，在相图所包含的轨线中可能存在一些特殊的轨线，研究这些轨线及其附近轨线的状况（尤其是 $t\to\pm\infty$ 时的趋势）在决定相图结构中起到关键的作用. 如果 $\boldsymbol{x}^*$ 是式（5.3）的零点，即 $\boldsymbol{f}(\boldsymbol{x}^*)=\boldsymbol{0}$，则方程（5.2）有一个定常解 $\boldsymbol{x}=\boldsymbol{x}^*$，即点 $\boldsymbol{x}^*$ 就是一条轨线，这时称 $\boldsymbol{x}^*$ 为方程（5.2）的一个平衡点，它表示了质点运动的一种平衡状态. 速度为零往往会给平衡点及其附近轨线带来了奇怪的分布，也把平衡点称为奇点. 如果一个非定常的解 $\boldsymbol{x}=\varphi(t;t_0,\boldsymbol{x}_0)$ 是 t 的周期函数，那么它在相空间描述的是一条闭曲线，称之为闭轨或周期轨. 随着时间 t 的演化，质点在闭轨上做周而复始的运动.

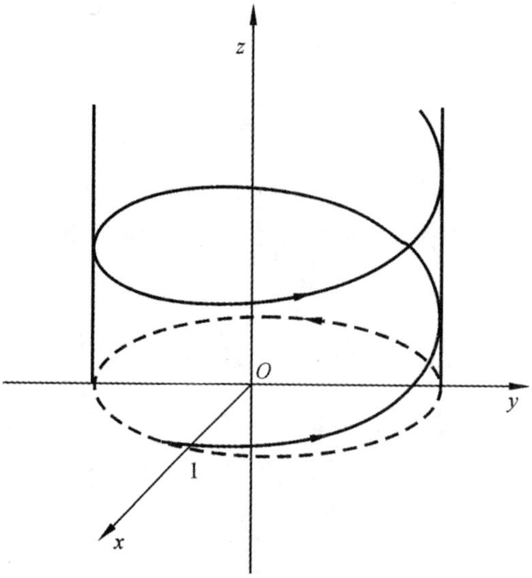

图 5-1　螺旋状的积分曲线

自治系统（5.2）具有下述三条基本性质，并且这些性质是非自治系统不具备的.

定理 5.1　设自治系统（5.2）满足解的存在唯一性条件并且解的存在区间是 $(-\infty,+\infty)$，则具有以下三条性质：

（1）积分曲线的平移不变性：设任意一解为 $\boldsymbol{x}=\varphi(t;t_0,\boldsymbol{x}_0)$，对任意常数 c，$\varphi(t+c;t_0,\boldsymbol{x}_0)$ 同样是方程（5.2）的解，且有

$$\varphi(t+c;t_0,\boldsymbol{x}_0)=\varphi(t;t_0-c,\boldsymbol{x}_0)\ ;$$

（2）轨线的唯一性：通过相空间的任意一点只有方程（5.2）唯一的一条轨线；

（3）群性质：若将 $\boldsymbol{x}=\varphi(t;0,\boldsymbol{x}_0)$ 简记为 $\boldsymbol{x}=\varphi(t,\boldsymbol{x}_0)$，则对任意 $t,s\in\mathbb{R}$，

$$\varphi(t,\varphi(s,\boldsymbol{x}_0))=\varphi(t+s,\boldsymbol{x}_0).$$

证明　（1）方程（5.2）的等价积分方程为

$$\varphi(t;t_0,\boldsymbol{x}_0)=\boldsymbol{x}_0+\int_{t_0}^{t}\boldsymbol{f}(\varphi(\tau;t_0,\boldsymbol{x}_0))\mathrm{d}\tau\ ,$$

则 $\varphi(t+c;t_0,\boldsymbol{x}_0)$ 满足

$$\begin{aligned}\varphi(t+c;t_0,\boldsymbol{x}_0)&=\boldsymbol{x}_0+\int_{t_0}^{t+c}\boldsymbol{f}(\varphi(\tau;t_0,\boldsymbol{x}_0))\mathrm{d}\tau\\&=\boldsymbol{x}_0+\int_{t_0-c}^{t}\boldsymbol{f}(\varphi(s+c;t_0,\boldsymbol{x}_0))\mathrm{d}s,\end{aligned}$$

即知 $\varphi(t+c;t_0,\boldsymbol{x}_0)$ 是方程（5.2）通过初值 $(t_0-c,\boldsymbol{x}_0)$ 的解.

（2）假设 $\boldsymbol{x}_1=\varphi(t;t_1,\boldsymbol{x}_1)$ 与 $\boldsymbol{x}_2=\varphi(t;t_2,\boldsymbol{x}_2)$ 是方程（5.2）的两个具有不同轨道的解，但存在相空间中一点 $\bar{\boldsymbol{x}}$ 及时间 T_1,T_2 使得

$$\varphi(T_1;t_1,\boldsymbol{x}_1)=\varphi(T_2;t_2,\boldsymbol{x}_2)=\bar{\boldsymbol{x}}.$$

由（1）知，$\varphi(t;t_1,\boldsymbol{x}_1)$ 的平移 $\varphi(t-(T_2-T_1);t_1,\boldsymbol{x}_1)$ 也是方程（5.2）的解，且通过点 $(T_2,\bar{\boldsymbol{x}})$.但是

由假设，$\varphi(t;t_2,\boldsymbol{x}_2)$同样通过点$(T_2,\bar{\boldsymbol{x}})$，由解的唯一性知

$$\varphi(t-(T_2-T_1);t_1,\boldsymbol{x}_1)=\varphi(t;t_2,\boldsymbol{x}_2),$$

特别地，它们的轨线相同，与假设矛盾.故相空间的任意一点只能有方程（5.2）唯一的一条轨线通过.

（3）由（1）知$\varphi(t,\varphi(s,\boldsymbol{x}_0))$，$\varphi(t+s,\boldsymbol{x}_0)$都是方程（5.2）的解，且都通过点$(0,\varphi(s,\boldsymbol{x}_0))$，由解的唯一性即知结论成立.

证毕.

注 5.1 在上述定理中假设解的存在区间为$(-\infty,+\infty)$，如果方程（5.2）不满足该性质，可以考虑自治系统

$$\frac{\mathrm{d}\boldsymbol{x}}{\mathrm{d}t}=\frac{\boldsymbol{f}(\boldsymbol{x})}{\sqrt{1+\|\boldsymbol{f}(\boldsymbol{x})\|^2}},\tag{5.4}$$

可以通过对时间参数t进行变换来证明：方程（5.2）与方程（5.4）在相空间上具有相同的轨线. 而方程（5.4）右端函数是有界的，由延拓定理可知方程（5.4）的解存在区间为$(-\infty,+\infty)$. 故总是假设方程（5.2）解的存在区间为$(-\infty,+\infty)$.

将定理 5.1 的三条性质归纳起来. 对任意固定的$t\in\mathbb{R}$，$\varphi(t,\cdot)$给出了一个从$G\subseteq\mathbb{R}^n$到$\mathbb{R}^n$的变换，记为$\varphi_t(\cdot):=\varphi(t,\cdot)$，它将$\boldsymbol{x}_0\in G$变换到$\varphi(t,\boldsymbol{x}_0)$.因此，$\{\varphi_t:t\in\mathbb{R}\}$形成了一个相空间$\mathbb{R}^n$上的单参数变换族，它满足以下性质：

（1）$\varphi_t:\mathbb{R}^n\to\mathbb{R}^n$是连续的；

（2）φ_0为恒同变换，即对任意$\boldsymbol{x}\in\mathbb{R}^n$，$\varphi_0(\boldsymbol{x})=\boldsymbol{x}$；

（3）$\varphi_t\circ\varphi_s=\varphi_{t+s}$，即对任意$\boldsymbol{x}\in\mathbb{R}^n$，$\varphi_t\circ\varphi_s(\boldsymbol{x}):=\varphi_t(\varphi_s(\boldsymbol{x}))=\varphi_{t+s}(\boldsymbol{x})$.

一般地，将满足上述三条性质的单参数连续变换族$\{\varphi_t:t\in\mathbb{R}\}$称为一个动力系统或流.特别地，由于$t$在$\mathbb{R}$中取值，有时称之为连续动力系统. 当$t$在$\mathbb{Z}$中取值时，称$\{\varphi_t:t\in\mathbb{Z}\}$为离散动力系统.若（1）中连续改为可微，则称之为微分动力系统.

注 5.2 对一般的非自治系统（5.1），定理 5.1 中的三条性质不再成立，但可将时间变量也纳入相空间并视其为高一维空间上的自治系统，它称为系统（5.1）的扭扩系统.

5.2 稳定性

5.2.1 李雅普诺夫稳定性

如上节所说，方程（5.2）从物理角度看就是刻画了一个质点在空间$\mathbb{R}^n$中的运动方程，其特解密切依赖于初始值. 而实际应用中，初始值往往是由实验测定的，不可避免地带有误差，人们显然不希望看到这样的微小误差或干扰导致“差之毫厘，谬以千里”的后果. 这就

带来了稳定性问题：什么条件下，初值的误差不会严重影响微分方程的解. 注意到解对初值的连续依赖性定理并没有真正回答上述问题，原因是那里的讨论只适用于自变量在有限闭区间内取值的情况. 如果自变量扩展到无穷区间上，那么解在长时间的性质就不一定连续依赖于初值了. 这就产生了在李雅普诺夫意义下的稳定性问题.

例 5.2 考虑一阶非线性微分方程的初值问题：

$$\begin{cases}\dfrac{\mathrm{d}y}{\mathrm{d}t}=Ay-By^2,\\ y(0)=y_0,\end{cases}$$

其中，A,B 为常数且 $AB>0$. 方程是变量分离的形式，故易求得方程自身有特解 $y_1=0$ 与 $y_2=\dfrac{A}{B}$，而对应初值问题的解为 $y=\dfrac{A}{B+\left(\dfrac{A}{y_0}-B\right)\mathrm{e}^{-At}}$. 对应于初值 y_0 所有可能的情况，其解的相图如图 5-2 所示. 从图中可以看到，当 $A>0,B>0$ 时，满足初值条件 $y(0)=y_0>0$ 的所有解均渐近地趋于特解 $y_2=\dfrac{A}{B}$，而满足 $y(0)=y_0<0$ 的解都远离特解 $y_1=0$；当 $A<0,B<0$ 时，满足初值条件 $y(0)=y_0<\dfrac{A}{B}$ 的所有解均渐近地趋于特解 $y_1=0$，而满足 $y(0)=y_0>\dfrac{A}{B}$ 的解都远

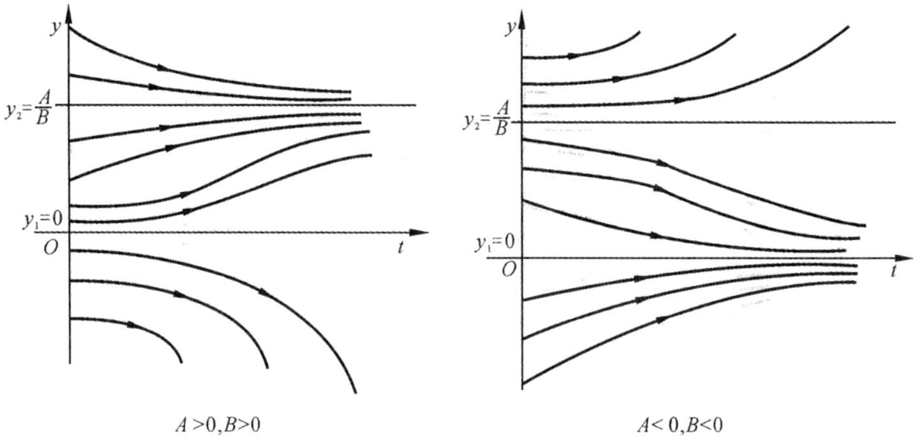

图 5-2 不同参数情况下的相图

离特解 $y_2=\dfrac{A}{B}$.对应于 $A>0,B>0$ 时的情况，称 $y_2=\dfrac{A}{B}$ 是稳定的，而 $y_1=0$ 是不稳定的；类似地，当 $A<0,B<0$ 时，$y_1=0$ 是稳定的，$y_2=\dfrac{A}{B}$ 是不稳定的.

考虑方程（5.1）

$$\frac{\mathrm{d}\boldsymbol{x}}{\mathrm{d}t}=\boldsymbol{f}(t,\boldsymbol{x}),$$

其中，$t\in\mathbb{R}$，$\boldsymbol{x}\in\mathbb{R}^n$，$\boldsymbol{f}:G\subseteq\mathbb{R}\times\mathbb{R}^n\to\mathbb{R}^n$ 连续且关于 $\boldsymbol{x}$ 满足局部利普希茨条件. 设有解 $\boldsymbol{x}=\boldsymbol{\varphi}(t)$ 在 $[t_0,+\infty)$ 上有定义. 如果对任意给定的 $\varepsilon>0$，必能找到 $\delta=\delta(\varepsilon)>0$，使得只要

$$\|\boldsymbol{x}_0-\boldsymbol{\varphi}(t_0)\|<\delta ,$$

方程（5.1）满足初值条件 $\boldsymbol{x}(t_0)=\boldsymbol{x}_0$ 的解 $\varphi(t;t_0,\boldsymbol{x}_0)$ 就在 $[t_0,+\infty)$ 上有定义且满足

$$\|\varphi(t;t_0,\boldsymbol{x}_0)-\boldsymbol{\varphi}(t)\|<\varepsilon , \quad \forall t\geqslant t_0 ,$$

就称解 $\boldsymbol{x}=\boldsymbol{\varphi}(t)$ 是（在李雅普诺夫意义下）稳定的，如图 5-3（a）所示.

假设 $\boldsymbol{x}=\boldsymbol{\varphi}(t)$ 是稳定的，若进一步地存在 $\delta_1(0<\delta_1\leqslant\delta)$，使得只要

$$\|\boldsymbol{x}_0-\boldsymbol{\varphi}(t_0)\|<\delta_1 , \tag{5.5}$$

就有

$$\lim_{t\to+\infty}(\varphi(t;t_0,\boldsymbol{x}_0)-\boldsymbol{\varphi}(t))=0 , \tag{5.6}$$

则称解 $\boldsymbol{x}=\boldsymbol{\varphi}(t)$ 是（在 Liapunov 意义下）渐近稳定的，如图 5-3（b）所示.

如果解 $\boldsymbol{x}=\boldsymbol{\varphi}(t)$ 不是稳定的，即存在 $\varepsilon>0$，对任意给定的 $\delta>0$，都有一个 $\boldsymbol{x}_0$ 满足 $\|\boldsymbol{x}_0-\boldsymbol{\varphi}(t_0)\|<\delta$，且使得方程（5.1）满足初值条件 $\boldsymbol{x}(t_0)=\boldsymbol{x}_0$ 的解 $\varphi(t;t_0,\boldsymbol{x}_0)$ 在某一个 $t_1>t_0$ 时刻成立

$$\|\varphi(t_1;t_0,\boldsymbol{x}_0)-\boldsymbol{\varphi}(t_1)\|=\varepsilon ,$$

则称解 $\boldsymbol{x}=\boldsymbol{\varphi}(t)$ 是（在李雅普诺夫意义下）不稳定的，如图 5-3（c）所示.

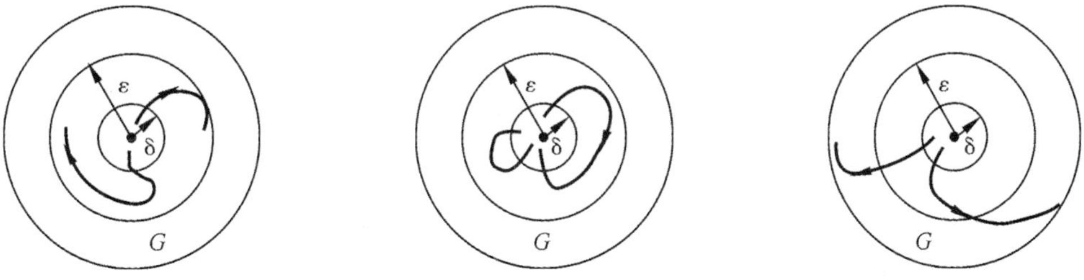

（a）稳定　　（b）渐近稳定　　（c）不稳定

图 5-3　解的稳定性判断

此外，如果把渐近稳定的条件改为：存在区域 D，当 $\boldsymbol{x}_0$ 在 D 内时就有式（5.6）成立，则称 D 为解 $\boldsymbol{x}=\boldsymbol{\varphi}(t)$ 的渐近稳定域（或吸引域）. 如果吸引域是全空间，则称 $\boldsymbol{x}=\boldsymbol{\varphi}(t)$ 是全局渐近稳定的.

注 5.3　如果把上述定义中的 $t\geqslant t_0$，$t\to+\infty$ 改为 $t\leqslant t_0$，$t\to-\infty$，则可得到负向稳定、负向渐近稳定和负向不稳定的相应定义.一般情况下考虑正向的稳定性，并且省略“正向”两字.

注 5.4　若考虑变换

$$\boldsymbol{y}=\boldsymbol{x}-\boldsymbol{\varphi}(t) ,$$

则方程（5.1）转化为

$$\frac{\mathrm{d}\boldsymbol{y}}{\mathrm{d}t}=\boldsymbol{g}(t,\boldsymbol{y}) , \tag{5.7}$$

其中

$$g(t,y)=f(t,x)-f(t,\varphi(t))=f(t,y+\varphi(t))-f(t,\varphi(t)),$$

显然有

$$g(t,\mathbf{0})=\mathbf{0},$$

而方程（5.1）的特解 $x=\varphi(t)$ 也变为式（5.7）的特解 $y=\mathbf{0}$. 于是，研究方程（5.1）的特解 $x=\varphi(t)$ 邻近的解的性态的问题就转化为研究式（5.7）的零解附近的解的性态. 故一般情况下只考虑方程（5.1）零解的稳定性（即假设 $f(t,\mathbf{0})=\mathbf{0}$）.

5.2.2 按线性近似判断稳定性

判断方程（5.1）零解的稳定性的方法之一为研究方程的线性近似. 把方程（5.1）右端的函数 $f(t,x)$（注意 $f(t,\mathbf{0})=\mathbf{0}$）展开成 x 的线性部分 $A(t)x$ 和非线性部分 $N(t,x)$（x 的高阶项）之和，即考虑方程

$$\frac{\mathrm{d}x}{\mathrm{d}t}=A(t)x+N(t,x),\tag{5.8}$$

其中，$A(t)$ 是一个 n 阶的矩阵函数，对 $t\geqslant t_0$ 连续；而函数 $N(t,x)$ 对 t 和 x 在区域 $G:=\{(t,x)\in\mathbb{R}^{n+1}\mid t\geqslant t_0,\|x\|\leqslant M\}$ 上连续，对 x 满足利普希茨条件并且对 $t\geqslant t_0$ 一致地有 $N(t,\mathbf{0})=\mathbf{0}$ 和

$$\lim_{\|x\|\to 0}\frac{\|N(t,x)\|}{\|x\|}=0\tag{5.9}$$

成立. 考虑零解的稳定性，故只需考察当 $\|x_0\|$ 较小时以 (t_0,x_0) 为初值的解. 由等式（5.8）右端的分解，一个自然想法是考虑在什么情形下方程（5.8）的线性部分

$$\frac{\mathrm{d}x}{\mathrm{d}t}=A(t)x\tag{5.10}$$

的零解稳定性能够决定方程（5.8）的零解稳定性. 方程（5.10）称为（5.8）的关于零解的线性变分方程组或线性近似方程组. 在本章中，将在 $A(t)$ 是常矩阵 A 这一特殊情况下给出相关的结果. 首先引入一个在一般情况下关于方程（5.10）零解的稳定性的引理. 设 $\boldsymbol{\Phi}(t)$ 是方程（5.10）的一个基解矩阵，而且满足 $\boldsymbol{\Phi}(t_0)=I$，I 为单位矩阵.

引理 5.1 （1）方程（5.10）的零解是稳定的，当且仅当存在常数 $K>0$，使得

$$\|\boldsymbol{\Phi}(t)\|<K,\tag{5.11}$$

对任意 $t\geqslant t_0$ 都成立.

（2）方程（5.10）的零解是渐近稳定的，当且仅当

$$\lim_{t\to+\infty}\|\boldsymbol{\Phi}(t)\|=0.\tag{5.12}$$

证明 假设式（5.11）成立，则对任意 $\varepsilon>0$，只要 $\|x_0\|<\dfrac{\varepsilon}{K}$，以 (t_0,x_0) 为初值的解 $\varphi(t;t_0,x_0)$

就满足

$$\|\varphi(t;t_0,\boldsymbol{x}_0)\| = \|\boldsymbol{\Phi}(t)\boldsymbol{x}_0\| < \varepsilon ,$$

即方程（5.10）的零解是稳定的.反之，设方程（5.10）的零解是稳定的，则由定义知，对任意 $\varepsilon > 0$，存在常数 $\sigma > 0$，使得当 $\|\boldsymbol{x}_0\| \leqslant \sigma$ 时，对任意 $t \geqslant t_0$ 都有

$$\|\boldsymbol{\Phi}(t)\boldsymbol{x}_0\| < \varepsilon$$

成立. 特别地，取 $\boldsymbol{x}_0 = \sigma \boldsymbol{e}_i$，$i = 1,2,\cdots,n$，其中 $\boldsymbol{e}_i$ 表示第 i 个分量为1的单位列向量，则 $\boldsymbol{\Phi}(t)$ 的第 i 列 $\boldsymbol{\Phi}_i(t) = \boldsymbol{\Phi}(t)\boldsymbol{e}_i$ 满足对任意 $t \geq t_0$，

$$\|\boldsymbol{\Phi}_i(t)\| < \frac{\varepsilon}{\sigma} .$$

因此，取 $K = \dfrac{n\varepsilon}{\sigma}$ 即可得到式（5.11），而这就证明了（1）.（2）的证明类似可得.

证毕.

现在考虑方程（5.10）中 $\boldsymbol{A}(t)$ 是常矩阵 $\boldsymbol{A}$ 的情况，即

$$\frac{\mathrm{d}\boldsymbol{x}}{\mathrm{d}t} = \boldsymbol{A}\boldsymbol{x} . \tag{5.13}$$

由第 3 章关于常系数齐次线性方程组解的结构相关结论，知方程（5.13）的任一解均可表为形如

$$\sum_{m=0}^{n_i-1} c_{im} t^m \mathrm{e}^{\lambda_i t} ,\quad 1 \leqslant i \leqslant n \tag{5.14}$$

的线性组合，这里 λ_i 为矩阵 $\boldsymbol{A}$ 的特征值，n_i 为 λ_i 的重数. 结合引理 5.1，得到如下结论：

定理 5.2 （1）若 $\boldsymbol{A}$ 的特征值均具有负实部，则方程（5.13）的零解是渐近稳定的.

（2）若 $\boldsymbol{A}$ 的特征值均具有正实部，则方程（5.13）的零解是不稳定的.

（3）若 $\boldsymbol{A}$ 的特征值实部均非正，但有零根或零实部的特征值，则方程（5.13）的零解可能是稳定的，也可能是不稳定的；特别地，零实部的特征值重数为 1，则方程（5.13）的零解是稳定的.

回到前述问题：什么条件下方程（5.10）的零解稳定性能够决定方程（5.8）的零解稳定性？在 $\boldsymbol{A}(t)$ 是常矩阵 $\boldsymbol{A}$ 的情况下，李雅普诺夫第一个给出了以下结果：

定理 5.3 若在方程（5.8）中 $\boldsymbol{A}(t)$ 是常矩阵 $\boldsymbol{A}$，且条件（5.9）成立，则

（1）当 $\boldsymbol{A}$ 的特征值均具有负实部时，方程（5.8）的零解是渐近稳定的.

（2）当 $\boldsymbol{A}$ 的特征值中至少有一个实部为正时，方程（5.8）的零解是不稳定的.

证明 这里只给出（1）的证明. 取 $\boldsymbol{x}_0$，使 $\|\boldsymbol{x}_0\| < M$，则方程（5.8）过初值点 $(t_0,\boldsymbol{x}_0)$ 的解 $\boldsymbol{\varphi}(t) := \varphi(t;t_0,\boldsymbol{x}_0)$ 存在.假设该解的右侧最大存在区间为 $[t_0,t_1)$，最终将证明 $t_1 = +\infty$.在下面各式中，都假定 $t \in [t_0,t_1)$.

由常数变易公式，有

$$\boldsymbol{\varphi}(t)=\mathrm{e}^{(t-t_0)\boldsymbol{A}}\boldsymbol{x}_0+\int_{t_0}^{t}\mathrm{e}^{(t-s)\boldsymbol{A}}\boldsymbol{N}(s,\boldsymbol{\varphi}(s))\mathrm{d}s . \tag{5.15}$$

由于 $\boldsymbol{A}$ 的特征值均具有负实部，结合式（5.14）知存在正常数 K 和 ρ，使得

$$\left\|\mathrm{e}^{(t-t_0)\boldsymbol{A}}\right\|\leqslant K\mathrm{e}^{-\rho(t-t_0)} . \tag{5.16}$$

另一方面，对任意给定的常数 α 满足 $0<\alpha<\dfrac{\rho}{2K}$，由条件（5.9）知可调整 M 的取值使得当 $\|\boldsymbol{x}\|\leqslant M$ 时有

$$\|\boldsymbol{N}(t,\boldsymbol{x})\|\leqslant\alpha\|\boldsymbol{x}\| . \tag{5.17}$$

结合式（5.15）~（5.17）可得

$$\begin{aligned}\|\boldsymbol{\varphi}(t)\|&\leqslant K\|\boldsymbol{x}_0\|\mathrm{e}^{-\rho(t-t_0)}+K\int_{t_0}^{t}\mathrm{e}^{-\rho(t-s)}\|\boldsymbol{N}(s,\boldsymbol{\varphi}(s))\|\mathrm{d}s\\&\leqslant K\|\boldsymbol{x}_0\|\mathrm{e}^{-\rho(t-t_0)}+K\alpha\int_{t_0}^{t}\mathrm{e}^{-\rho(t-s)}\|\boldsymbol{\varphi}(s)\|\mathrm{d}s.\end{aligned}$$

利用第 2 章中的格朗沃尔引理，并注意 $\alpha<\dfrac{\rho}{2K}$，可得

$$\|\boldsymbol{\varphi}(t)\|\leqslant K\|\boldsymbol{x}_0\|\mathrm{e}^{-(\rho-K\alpha)(t-t_0)}<K\|\boldsymbol{x}_0\|\mathrm{e}^{-\frac{\rho}{2}(t-t_0)} . \tag{5.18}$$

现取正数 $\delta<\dfrac{M}{K}$，则只要 $\|\boldsymbol{x}_0\|<\delta$，就可由上述不等式推出

$$\|\boldsymbol{\varphi}(t)\|<K\delta<M$$

对所有 $t\in[t_0,t_1)$ 成立. 利用解的延拓定理可知必有 $t_1=+\infty$，即解 $\boldsymbol{x}=\boldsymbol{\varphi}(t)$ 对一切 $t\geqslant t_0$ 都有定义. 再由式（5.18）易得，

$$\lim_{t\to+\infty}\|\boldsymbol{\varphi}(t)\|=0 ,$$

即方程（5.8）的零解是渐近稳定的.
证毕.

由定理 5.3（1）可知若能确定矩阵 $\boldsymbol{A}$ 的全部特征值实部均为负数，就能判定方程（5.8）的零解是渐近稳定的. 但是当矩阵 $\boldsymbol{A}$ 的阶数较大时，直接求出 $\boldsymbol{A}$ 的全部特征值的精确值是很困难的. 这时可用下面的劳斯-赫尔维茨（Routh-Hurwitz）定理来协助判定.

定理 5.4（劳斯-赫尔维茨定理） 实系数多项式

$$\lambda^n+a_1\lambda^{n-1}+\cdots+a_{n-1}\lambda+a_n$$

的全部根的实部均为负数的充要条件是下面的劳斯-赫尔维茨矩阵

$$
\boldsymbol{D}_n := \begin{pmatrix} a_1 & 1 & 0 & 0 & \cdots & \cdots & \cdots & 0 \\ a_3 & a_2 & a_1 & 1 & \cdots & \cdots & \cdots & 0 \\ a_5 & a_4 & a_3 & a_2 & a_1 & 1 & \cdots & 0 \\ \vdots & \vdots & \vdots & \vdots & \vdots & \vdots & & \vdots \\ a_{2n-1} & a_{2n-2} & a_{2n-3} & a_{2n-4} & a_{2n-5} & a_{2n-6} & \cdots & a_n \end{pmatrix}
$$

的全部主子式为正，即

$$
\Delta_1 := a_1 > 0, \quad \Delta_2 := \begin{vmatrix} a_1 & 1 \\ a_3 & a_2 \end{vmatrix} > 0,
$$

$$
\Delta_3 := \begin{vmatrix} a_1 & 1 & 0 \\ a_3 & a_2 & a_1 \\ a_5 & a_4 & a_3 \end{vmatrix} > 0, \quad \ldots, \quad \Delta_n := \det \boldsymbol{D}_n > 0,
$$

其中，当 $k > n$ 时 $a_k = 0$.

例 5.3 考虑一阶非线性微分方程组

$$
\begin{cases} \dfrac{\mathrm{d}x}{\mathrm{d}t} = -2x + y - z + x^3\mathrm{e}^x, \\ \dfrac{\mathrm{d}y}{\mathrm{d}t} = x - y + x^2 y + z^3, \\ \dfrac{\mathrm{d}z}{\mathrm{d}t} = x + y - z + \mathrm{e}^x(y^2 + z^4), \end{cases}
$$

其线性近似方程组的特征方程为

$$
\begin{vmatrix} -2-\lambda & 1 & -1 \\ 1 & 1-\lambda & 0 \\ 1 & 1 & -1-\lambda \end{vmatrix} = 0,
$$

化简得

$$
\lambda^3 + 4\lambda^2 + 5\lambda + 3 = 0
$$

由此计算其劳斯-赫尔维茨矩阵的各阶主子式：

$$
\Delta_1 = a_1 = 4, \quad \Delta_2 = \begin{vmatrix} 4 & 1 \\ 3 & 5 \end{vmatrix} = 17, \quad \Delta_3 = \begin{vmatrix} 4 & 1 & 0 \\ 3 & 5 & 4 \\ 0 & 0 & 3 \end{vmatrix} = 3\Delta_2 = 51,
$$

则根据定理 5.4，所有特征值均有负实部，从而由定理 5.3（1）知系统的零解是渐近稳定的.

习题 5.2

1. 研究下列方程零解的稳定性：

（1）$\frac{\mathrm{d}^3x}{\mathrm{d}t^3}+5\frac{\mathrm{d}^2x}{\mathrm{d}t^2}+6\frac{\mathrm{d}x}{\mathrm{d}t}+x=0$；

（2）$\begin{cases}\frac{\mathrm{d}x}{\mathrm{d}t}=-x-y+z,\\ \frac{\mathrm{d}y}{\mathrm{d}t}=x-2y+2z,\\ \frac{\mathrm{d}z}{\mathrm{d}t}=x+2y+z.\end{cases}$

2. 设 $\boldsymbol{A}$ 为常数值矩阵，$\boldsymbol{B}(t)$ 为 $t\geqslant 0$ 上的连续矩阵值函数，且满足

$$\int_0^{+\infty}\|\boldsymbol{B}(t)\|\mathrm{d}t<+\infty .$$

证明若方程 $\frac{\mathrm{d}\boldsymbol{x}}{\mathrm{d}t}=\boldsymbol{A}\boldsymbol{x}$ 的所有解当 $t\geqslant 0$ 时有界，则方程

$$\frac{\mathrm{d}\boldsymbol{x}}{\mathrm{d}t}=(\boldsymbol{A}+\boldsymbol{B}(t))\boldsymbol{x}$$

的所有解当 $t\geqslant 0$ 时也有界.

5.3 V 函数方法

李雅普诺夫为研究运动稳定性创立了两种方法，即所谓的李雅普诺夫第一方法与李雅普诺夫第二方法. 其中李雅普诺夫第一方法要利用微分方程的级数解，在他之后没有得到大的发展，现在也少有使用. 而李雅普诺夫第二方法，又称李雅普诺夫直接法，则巧妙地运用一个与微分方程相联系的所谓李雅普诺夫函数（往往代表某种类似“距离函数”“位势函数”或“能量函数”这些在物理意义下具有观测功能的工具）来直接判定解的稳定性.它在许多实际问题中得到了成功的应用，成为了研究稳定性问题的基本方法.

为简单起见，只考虑自治系统

$$\frac{\mathrm{d}\boldsymbol{x}}{\mathrm{d}t}=\boldsymbol{f}(\boldsymbol{x}),\tag{5.19}$$

其中，$\boldsymbol{x}\in\mathbb{R}^n$，$\boldsymbol{f}(\boldsymbol{0})=\boldsymbol{0}$ 且 $\boldsymbol{f}(\boldsymbol{x})$ 在区域 $G=\{\boldsymbol{x}\in\mathbb{R}^n:\|\boldsymbol{x}\|\leqslant M\}$ 内连续可微. 易见方程（5.19）的初值问题的解在 G 内存在且唯一，且零解 $\boldsymbol{x}=\boldsymbol{0}$ 是其特解.

定义 5.1 设 $V(\boldsymbol{x})$ 为定义在闭区域 $\{\boldsymbol{x}\in\mathbb{R}^n:\|\boldsymbol{x}\|\leqslant M_1\}$ 上的连续实函数，满足 $V(\boldsymbol{0})=\boldsymbol{0}$，其中 $0<M_1\leq M$.若恒有 $V(\boldsymbol{x})\geqslant\boldsymbol{0}$，则称函数 V 为常正的.若对一切 $\|\boldsymbol{x}\|\neq 0$ 都有 $V(\boldsymbol{x})>\boldsymbol{0}$，则称函数 V 为定正的. 若 $-V$ 是常正（或定正）的，则称 V 为常负（或定负）的.

显然，函数 $V(x,y)=(x+y)^2$ 为常正的，函数 $V(x,y)=x^2+y^2$ 为定正的.二次型函数 $V(x,y)=ax^2+bxy+cy^2$ 当 $a>0$ 且 $b^2-4ac<0$ 时是定正的，当 $a<0$ 且 $b^2-4ac<0$ 时是定负的.

定正的连续可微函数 $V(\boldsymbol{x})$ 将用来观测轨道上的动点 $\boldsymbol{x}(t)$ 与原点 O 的位置关系. 为此将

方程（5.19）的解 $\boldsymbol{x}(t)$ 代入 $V(\boldsymbol{x})$ 并考虑其对 t 的导数

$$\frac{\mathrm{d}^0 V}{\mathrm{d}t} := \frac{\mathrm{d}V(\boldsymbol{x}(t))}{\mathrm{d}t} = \sum_{i=1}^{n} \frac{\partial V}{\partial x_i}\frac{\mathrm{d}x_i}{\mathrm{d}t} = \sum_{i=1}^{n} \frac{\partial V}{\partial x_i} \boldsymbol{f}_i(\boldsymbol{x}(t)).$$

称 $\frac{\mathrm{d}^0 V}{\mathrm{d}t}$ 为 $V(\boldsymbol{x})$ 通过方程(5.19)的全导数.注意到 $\frac{\mathrm{d}^0 V}{\mathrm{d}t}$ 实际上是关于时间 t 与初值条件 $(t_0, \boldsymbol{x}_0)$ 的函数，因为 $\boldsymbol{x}(t)$ 完整的表达为 $\boldsymbol{x}(t) = \boldsymbol{x}(t; t_0, \boldsymbol{x}_0)$，从而

$$\frac{\mathrm{d}^0 V}{\mathrm{d}t} = \frac{\mathrm{d}V(\boldsymbol{x}(t; t_0, \boldsymbol{x}_0))}{\mathrm{d}t}.$$

特别地，若 $\boldsymbol{x}_0 = \boldsymbol{0}$，则由 $\boldsymbol{f}(\boldsymbol{0}) = \boldsymbol{0}$ 知 $\frac{\mathrm{d}^0 V}{\mathrm{d}t} = 0$.

定理 5.5（李雅普诺夫稳定性判据）

（1）若存在定正函数 $V(\boldsymbol{x})$，其通过方程（5.19）的导数 $\frac{\mathrm{d}^0 V}{\mathrm{d}t}$ 为常负函数（对任意 $t \geqslant t_0$ 有 $\frac{\mathrm{d}^0 V}{\mathrm{d}t} \leqslant 0$），则方程（5.19）的零解是稳定的.

（2）若存在定正函数 $V(\boldsymbol{x})$，其通过方程（5.19）的导数 $\frac{\mathrm{d}^0 V}{\mathrm{d}t}$ 为定负函数（对一切 $\boldsymbol{x}_0 \neq \boldsymbol{0}$，都有 $\frac{\mathrm{d}^0 V}{\mathrm{d}t} < 0$ 对任意 $t \geqslant t_0$ 成立），则方程（5.19）的零解是渐近稳定的.

（3）若存在定正函数 $V(\boldsymbol{x})$，其通过方程（5.19）的导数 $\frac{\mathrm{d}^0 V}{\mathrm{d}t}$ 为定正函数，则方程（5.19）的零解是不稳定的.

（4）若存在函数 $V(\boldsymbol{x})$ 和非负常数 μ，在 $\boldsymbol{x} = 0$ 的任意小邻域内都存在 $\bar{\boldsymbol{x}}$ 使得 $V(\bar{\boldsymbol{x}}) > 0$，而且导数 $\frac{\mathrm{d}^0 V}{\mathrm{d}t}$ 可表述为

$$\frac{\mathrm{d}V(\boldsymbol{x}(t))}{\mathrm{d}t} = \mu V(\boldsymbol{x}(t)) + W(\boldsymbol{x}(t)), \tag{5.20}$$

其中，当 $\mu = 0$ 时 $W(\boldsymbol{x})$ 为定正函数，而当 $\mu \neq 0$ 时 $W(\boldsymbol{x})$ 为常正函数，则方程（5.19）的零解是不稳定的.

证明（1）对任意给定的 $\epsilon \leqslant M_1$，由 $V(\boldsymbol{x})$ 的连续性和定正性，有

$$\eta(\epsilon) := \min_{\epsilon \leqslant \|\boldsymbol{x}\| \leqslant M_1} V(\boldsymbol{x}) > 0$$

再由 $V(\boldsymbol{x})$ 的连续性和 $V(\boldsymbol{0}) = 0$，存在正数 $\delta = \delta(\varepsilon) < \varepsilon$，使得只要 $\|\boldsymbol{x}\| < \delta$ 就有 $V(\boldsymbol{x}) < \eta(\varepsilon)$. 现取 $\|\boldsymbol{x}_0\| < \delta$，则 $V(\boldsymbol{x}_0) < \eta(\varepsilon)$. 令 $\boldsymbol{x}(t)$ 为方程（5.19）满足初值条件 $\boldsymbol{x}(t_0) = \boldsymbol{x}_0$ 的解，其最大存在区间为 $[t_0, t_1)$. 由假设 $\frac{\mathrm{d}^0 V}{\mathrm{d}t} = \frac{\mathrm{d}V(\boldsymbol{x}(t))}{\mathrm{d}t} \leqslant 0$ 知对任意 $t \in [t_0, t_1)$，有

$$V(\boldsymbol{x}(t)) \leqslant V(\boldsymbol{x}_0) < \eta(\varepsilon).$$

根据 $\eta(\varepsilon)$ 的定义，必有 $\|\boldsymbol{x}(t)\|<\varepsilon$ 在区间 $[t_0,t_1)$ 上恒成立. 由解的延拓定理可知必有 $t_1=+\infty$，且对任意 $t\in[t_0,+\infty)$，$\|\boldsymbol{x}(t)\|<\varepsilon$. 故方程（5.19）的零解是稳定的.

（2）由（1）知当 $\dfrac{\mathrm{d}^0V}{\mathrm{d}t}$ 定负，必有方程（5.19）的零解是稳定的. 现仍取（1）中 δ，则当 $\|\boldsymbol{x}_0\|<\delta$ 时，方程（5.19）满足初值条件 $\boldsymbol{x}(t_0)=\boldsymbol{x}_0$ 的解 $\boldsymbol{x}(t)$ 的存在区间为 $[t_0,+\infty)$，且对任意 $t\in[t_0,+\infty)$，$\|\boldsymbol{x}(t)\|<M_1$. 要证

$$\lim_{t\to+\infty}\boldsymbol{x}(t)=\boldsymbol{0}, \tag{5.21}$$

只需证

$$\lim_{t\to+\infty}V(\boldsymbol{x}(t))=0. \tag{5.22}$$

事实上，假设当式（5.22）成立而式（5.21）不成立，由 $\boldsymbol{x}(t)$ 在 $[t_0,+\infty)$ 上的有界性知存在 $t_k\to+\infty$ 当 $k\to+\infty$，使得存在极限

$$\overline{\boldsymbol{x}}:=\lim_{k\to+\infty}\boldsymbol{x}(t_k)\neq\boldsymbol{0}.$$

由式（5.22）与 $V(\boldsymbol{x})$ 的连续性知

$$V(\overline{\boldsymbol{x}})=\lim_{k\to+\infty}V(\boldsymbol{x}(t_k))=0,$$

这与 $V(\boldsymbol{x})$ 是定正函数矛盾.

现证明式（5.22）成立. 由于 $\dfrac{\mathrm{d}^0V}{\mathrm{d}t}=\dfrac{\mathrm{d}V(\boldsymbol{x}(t))}{\mathrm{d}t}$ 定负而 $V(\boldsymbol{x})$ 定正，在区间 $[t_0,+\infty)$ 上 $V(\boldsymbol{x}(t))$ 单调下降有下界，必存在极限

$$c:=\lim_{t\to+\infty}V(\boldsymbol{x}(t))=\inf_{t\in[t_0,+\infty)}V(\boldsymbol{x}(t))\geqslant 0.$$

假设 $c>0$，则由 $V(\boldsymbol{x})$ 的连续性知存在 $\alpha>0$ 使得 $\|\boldsymbol{x}(t)\|\geqslant\alpha$ 在区间 $[t_0,+\infty)$ 上恒成立.再由 $\dfrac{\mathrm{d}^0V}{\mathrm{d}t}=\dfrac{\mathrm{d}V(\boldsymbol{x}(t))}{\mathrm{d}t}$ 的定负性和连续性知

$$m:=\max_{\alpha\leqslant\|\boldsymbol{x}\|\leqslant M_1}\frac{\mathrm{d}V(\boldsymbol{x}(t))}{\mathrm{d}t}<0.$$

从而当 $t\in[t_0,+\infty)$ 时有

$$V(\boldsymbol{x}(t))\leqslant V(\boldsymbol{x}_0)+m(t-t_0)$$

上述不等式右边当 $t\to+\infty$ 时趋于 $-\infty$，与 $V(\boldsymbol{x}(t))\geqslant c>0$ 矛盾. 故必有 $c=0$，即式（5.22）成立，进而得到方程（5.19）的零解是渐近稳定的.

（3）这是（4）的特殊情况.

（4）由假设，对任意给定的正数 $\delta<M_1$，都能找到 $\boldsymbol{x}_0$ 使得 $\|\boldsymbol{x}_0\|<\delta$ 且 $V(\boldsymbol{x}_0)>0$. 取定 $\boldsymbol{x}_0$，往证若 $\boldsymbol{x}(t)$ 为方程（5.19）满足初值条件 $\boldsymbol{x}(t_0)=\boldsymbol{x}_0$ 的解，则必有 $\overline{t}\in[t_0,+\infty)$，使得 $\|\boldsymbol{x}(\overline{t})\|>M_1$（即解穿出方程右端函数 $\boldsymbol{f}(\boldsymbol{x})$ 的定义域）.若不然，则对任意 $t\in[t_0,+\infty)$，$\|\boldsymbol{x}(t)\|\leqslant M_1$.由 $V(\boldsymbol{x})$ 的

连续性知 $V(\boldsymbol{x}(t))$ 在区间 $[t_0,+\infty)$ 上有界.另一方面，由常数变易公式，对任意 $t\in[t_0,+\infty)$，有

$$V(\boldsymbol{x}(t))=\mathrm{e}^{\mu(t-t_0)}V(\boldsymbol{x}_0)+\int_{t_0}^{t}\mathrm{e}^{\mu(t-s)}W(\boldsymbol{x}(s))\mathrm{d}s. \tag{5.23}$$

当 $\mu\neq 0$ 时，有 $\mu>0$ 且 $W(\boldsymbol{x})$ 为常正函数，故由式（5.23）得

$$V(\boldsymbol{x}(t))\geqslant V(\boldsymbol{x}_0)\mathrm{e}^{\mu(t-t_0)},\quad \forall t\geqslant t_0,$$

结合 $V(\boldsymbol{x}_0)>0$ 知当 $t\to+\infty$ 时 $V(\boldsymbol{x}(t))$ 趋于 $+\infty$，与 $V(\boldsymbol{x}(t))$ 有界矛盾.

当 $\mu=0$ 时，有 $W(\boldsymbol{x})$ 为定正函数，由式（5.23）有

$$V(\boldsymbol{x}(t))\geqslant V(\boldsymbol{x}_0)>0,\quad \forall t\geqslant t_0.$$

结合 $V(\boldsymbol{x})$ 的连续性及 $V(\boldsymbol{0})=0$ 知，存在 $\alpha>0$ 使得 $\|\boldsymbol{x}(t)\|\geqslant\alpha$ 在区间 $[t_0,+\infty)$ 上恒成立，再由 $W(\boldsymbol{x})$ 为定正函数且连续，得到

$$m:=\min_{\alpha\leqslant\|\boldsymbol{x}\|\leqslant M_1}W(\boldsymbol{x})>0.$$

从而由式（5.23）知

$$V(\boldsymbol{x}(t))\geqslant V(\boldsymbol{x}_0)+m(t-t_0),\quad \forall t\geqslant t_0.$$

因此，当 $t\to+\infty$ 时同样有 $V(\boldsymbol{x}(t))$ 趋于 $+\infty$，与 $V(\boldsymbol{x}(t))$ 有界矛盾.这就证明了方程（5.19）的零解是不稳定的.

证毕.

以二维的情形为例来说明一下定理 5.5 的几何意义.这时方程（5.19）的解 $\boldsymbol{x}(t)=(x_1(t),x_2(t))$ 可看成平面上以 t 为参数的一条曲线，即轨线或积分曲线.考虑曲线族

$$V(x_1,x_2)=c. \tag{5.24}$$

设 $V(x_1,x_2)$ 为定正函数，即 $V(0,0)=0$，而当 $(x_1,x_2)\neq(0,0)$ 时 $V(x_1,x_2)>0$，则当 c 充分小时，由式（5.24）得到一族互不相交、随着 c 增大逐层嵌套的闭曲线族，且它们都包含原点（特别地若对 $V(x_1,x_2)$ 有可微性假设，则容易验证它沿任何方向的方向导数随着 c 增大都是单调不降的），如图 5-4 所示.

若全导数 $\dfrac{\mathrm{d}^0V}{\mathrm{d}t}\leqslant 0$，则 $V(x_1(t),x_2(t))$ 对 $t\geqslant t_0$ 为单调不增函数，因此轨线 $(x_1(t),x_2(t))$ 当 $t\geqslant t_0$ 时或者随着 t 的增加而层层进入闭曲线族（5.24）所围区域，或者沿着某层闭曲线运动，而不会由闭曲线族（5.24）的内层走向外层，从而可见零解的稳定性，如图 5-5 所示.

在应用定理 5.5 时最大的困难是构造合适李雅普诺夫函数 V，但遗憾的是对此并没有一般泛用的方法.在实际应用中的 V 函数往往依赖人们的经验，有时寻求二次型函数形式的 V 函数，表达的是某种类似距离或度量的观测函数，有时把系统理解为质点运动方程，而用系统的总能量作为 V 函数.

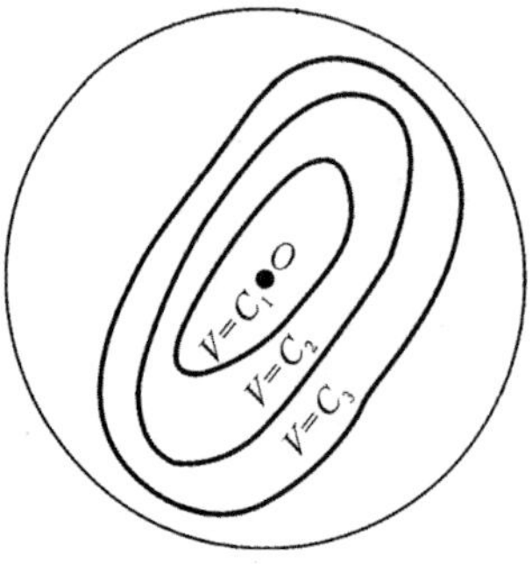

图 5-4　闭曲线族 $V(x_1,x_2)=c$（$c_1<c_2<c_3$）

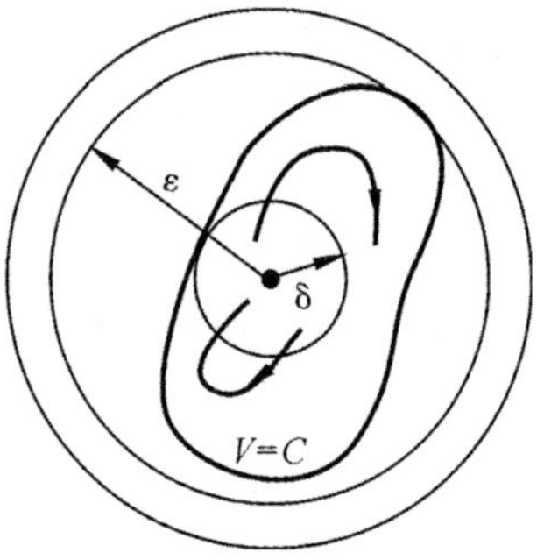

图 5-5　零解的稳定性与 V 函数的关系

例 5.4　考虑平面方程

$$\begin{cases}\dfrac{\mathrm{d}x}{\mathrm{d}t}=-y+ax^5,\\ \dfrac{\mathrm{d}y}{\mathrm{d}t}=x+ay(y^2+x^2),\end{cases}$$

取定正函数 $V(x,y)=\dfrac{1}{2}(x^2+y^2)$，这时

$$\frac{\mathrm{d}^0V}{\mathrm{d}t}=x(-y+ax^5)+y(x+ay(y^2+x^2))=a(x^6+y^4+x^2y^2).$$

根据定理 5.5，依 a 的不同情况可得如下结论：

（1）如果 $a<0$，则 $\dfrac{\mathrm{d}^0V}{\mathrm{d}t}$ 定负，方程组的零解是渐近稳定的.

（2）如果 $a>0$，则 $\dfrac{\mathrm{d}^0V}{\mathrm{d}t}$ 定正，方程组的零解是不稳定的.

（3）如果 $a=0$，则 $\dfrac{\mathrm{d}^0V}{\mathrm{d}t}=0$，方程组的零解是稳定的.

例 5.5　考虑有阻力无外力的数学摆模型

$$\frac{\mathrm{d}^2\varphi}{\mathrm{d}t^2}+\frac{\mu}{m}\frac{\mathrm{d}\varphi}{\mathrm{d}t}+\frac{g}{l}\sin\varphi=0,$$

设 $x=\varphi,\quad y=\dfrac{\mathrm{d}\varphi}{\mathrm{d}t}$，则转化为二维方程组

$$\begin{cases}\dfrac{\mathrm{d}x}{\mathrm{d}t}=y,\\ \dfrac{\mathrm{d}y}{\mathrm{d}t}=-\dfrac{g}{l}\sin x-\dfrac{\mu}{m}y.\end{cases}$$

取 V 函数为

$$V(x,y)=\frac{1}{2}y^2+\frac{g}{l}(1-\cos x),$$

这表示的是系统的能量总和.易见对 $|x|<\pi$，V 是定正的.这时

$$\frac{d^0V}{dt}=\frac{g}{l}\sin x\cdot y+y\cdot\left(-\frac{g}{l}\sin x-\frac{\mu}{m}y\right)=-\frac{\mu}{m}y^2,$$

即得 $\mu\geqslant 0$ 时 $\frac{d^0V}{dt}$ 是常负的，从而零解是稳定的（事实上当有阻力，即 $\mu>0$ 时尽管 $\frac{d^0V}{dt}$ 为常负，但使得 $\frac{d^0V}{dt}=0$ 的集为 $y=0$，其上除原点外不包含方程的整条正半轨，可进一步论证此时零解是渐近稳定的）.

习题 5.3

1. 试判别下列函数的定号性：

（1）$V(x,y)=x^2-xy^2$；

（2）$V(x,y)=x^2+2xy+y^2+x^2y^2$.

2. 试用形如 $V(x,y)=ax^2+by^2$ 的李雅普诺夫函数确定下列方程零解的稳定性：

（1）$\begin{cases}\dfrac{dx}{dt}=-x+xy^2,\\ \dfrac{dy}{dt}=-2x^2y-y^3;\end{cases}$

（2）$\begin{cases}\dfrac{dx}{dt}=x^3-2y^3,\\ \dfrac{dy}{dt}=xy^2+x^2y+\dfrac{1}{2}y^3.\end{cases}$

3. 研究下列方程零解的稳定性：

$$\begin{cases}\dfrac{dx}{dt}=-x-y+(x-y)(x^2+y^2),\\ \dfrac{dy}{dt}=x-y+(x+y)(x^2+y^2).\end{cases}$$

4. 给定微分方程

$$\begin{cases}\dfrac{dx}{dt}=y-xf(x,y),\\ \dfrac{dy}{dt}=-x-yf(x,y).\end{cases}$$

其中 $f(x,y)$ 有连续一阶偏导数. 试证明在原点邻域内如 $f>0$，则零解为渐近稳定的，而若 $f<0$，则零解为不稳定的.

5.4 平面奇点

在本节中，将讨论限于平面上的动力系统

$$\begin{cases}\dfrac{\mathrm{d}x}{\mathrm{d}t}=X(x,y),\\ \dfrac{\mathrm{d}y}{\mathrm{d}t}=Y(x,y),\end{cases}\tag{5.25}$$

其中，$X(x,y)$ 和 $Y(x,y)$ 在 Oxy 平面上连续且满足一定条件以保证解的存在唯一性. 由于平面的特性，相较于高维空间的情况，二维空间中轨线的分布更为单纯，相关的平面动力系统理论也比较纯粹和完善. 而在平面系统中，相较于常点，奇点附近的轨线结构更为复杂. 前面已经讨论了奇点的稳定性，但仅仅弄懂奇点的稳定性是不够的，人们更加关心奇点附近更为细致的轨线分布情况. 下面考虑方程（5.25）是线性情形下其轨线在相平面上的性态，并根据这些轨线分布的不同性态来区分奇点的不同类型. 这时方程为

$$\begin{cases}\dfrac{\mathrm{d}x}{\mathrm{d}t}=ax+by,\\ \dfrac{\mathrm{d}y}{\mathrm{d}t}=cx+\mathrm{d}y,\end{cases}\tag{5.26}$$

显然坐标原点 $O=(0,0)$ 是奇点.如果方程组的系数满足条件

$$\begin{vmatrix}a & b\\ c & d\end{vmatrix}\neq 0\ ,\tag{5.27}$$

则此奇点还是唯一的，称之为初等奇点，否则称为高阶奇点. 这里只讨论初等奇点，即假定式（5.27）成立. 记方程（5.26）为

$$\frac{\mathrm{d}}{\mathrm{d}t}\begin{pmatrix}x\\ y\end{pmatrix}=\boldsymbol{A}\begin{pmatrix}x\\ y\end{pmatrix},$$

其中，$\boldsymbol{A}=\begin{pmatrix}a & b\\ c & d\end{pmatrix}$. 做线性变换

$$\begin{pmatrix}x\\ y\end{pmatrix}=\boldsymbol{P}\begin{pmatrix}u\\ v\end{pmatrix},$$

其中，$\boldsymbol{P}$ 为可逆矩阵，则系统（5.26）变为

$$\frac{\mathrm{d}}{\mathrm{d}t}\begin{pmatrix}u\\ v\end{pmatrix}=\boldsymbol{P}^{-1}\boldsymbol{A}\boldsymbol{P}\begin{pmatrix}u\\ v\end{pmatrix},\tag{5.28}$$

适当选取 $\boldsymbol{P}$ 可使 $\boldsymbol{P}^{-1}\boldsymbol{A}\boldsymbol{P}$ 成为 $\boldsymbol{A}$ 的约当标准型. 这就容易在 $O\xi\eta$ 平面上得到系统（5.28）的轨线结构，然后再经过 $\boldsymbol{P}^{-1}$（即仿射变换）的作用，就可以返回到 Oxy 平面得到系统（5.26）的

轨线结构.因此我们考虑系统（5.28），其中的矩阵 $\boldsymbol{P}^{-1}\boldsymbol{A}\boldsymbol{P}$ 已是实的约当标准型，即它具有下列形式之一：

$$\begin{pmatrix}\lambda & 0\\ 0 & \mu\end{pmatrix},\quad \begin{pmatrix}\lambda & 0\\ 1 & \lambda\end{pmatrix},\quad \begin{pmatrix}\alpha & \beta\\ -\beta & \alpha\end{pmatrix},$$

其中 λ,μ,β 均不为零.下面就每一种情况讨论奇点附近的轨线结构.

（1）$\boldsymbol{A}=\begin{pmatrix}\lambda & 0\\ 0 & \mu\end{pmatrix}$.

此时系统（5.28）成为

$$\begin{cases}\dfrac{\mathrm{d}u}{\mathrm{d}t}=\lambda u,\\ \dfrac{\mathrm{d}v}{\mathrm{d}t}=\mu v,\end{cases} \tag{5.29}$$

其解为

$$u=u_0\mathrm{e}^{\lambda t},\quad v=v_0\mathrm{e}^{\mu t}. \tag{5.30}$$

下面再分三种情形：

① $\lambda=\mu$，即矩阵 $\boldsymbol{A}$ 有两个相同的实特征根，且约当块都是一阶的.

这时方程（5.29）的积分曲线（5.30）是过奇点 $(0,0)$ 的直线束.因此，束中每一条直线被奇点 $(0,0)$ 所分割的两个射线都是系统（5.29）的轨线. 由式（5.30）易知：若 $\lambda<0$，则沿着每一条轨线当 $t\to+\infty$ 时运动 $(u(t),v(t))\to(0,0)$，故奇点 $(0,0)$ 是渐近稳定的，如图 5-6 所示；若 $\lambda>0$，则情形相反，奇点 $(0,0)$ 是不稳定的，如图 5-7 所示. 在这两种情形下，把奇点 $(0,0)$ 称为星形结点（或临界结点）.

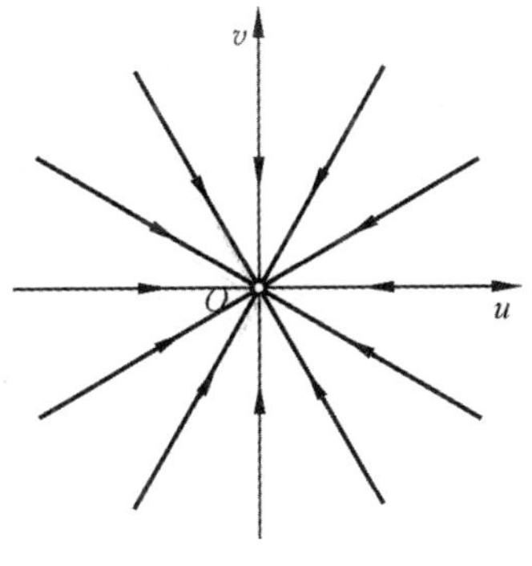

图 5-6 $\lambda<0$，稳定的星形结点

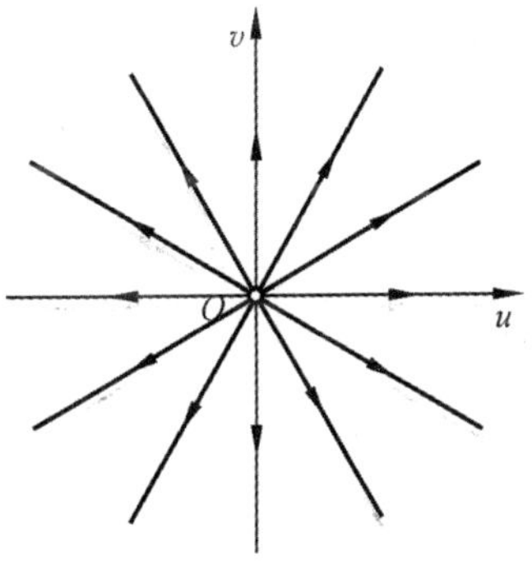

图 5-7 $\lambda>0$，不稳定的星形结点

② $\lambda\neq\mu$ 且 $\lambda\mu>0$，即矩阵 $\boldsymbol{A}$ 有两个同号且不相等的实特征根.

由式（5.30）可得 $v=C|u|^{\frac{\mu}{\lambda}}$，除了 u 轴和 v 轴之外，这些都是以奇点 $(0,0)$ 为顶点的“抛物线”，并且每条抛物线都被奇点 $(0,0)$ 分割为系统（5.29）的两条轨线.当 $\left|\dfrac{\mu}{\lambda}\right|>1$ 时，它们均

与 u 轴相切；当 $\left|\frac{\mu}{\lambda}\right|<1$ 时，它们均与 v 轴相切.显然当 λ 和 μ 取负值时，奇点 $(0,0)$ 是渐近稳定的；当 λ 和 μ 取正值时，奇点 $(0,0)$ 是不稳定的.注意到所有的轨线都是沿着两个方向进入（或离开）奇点.因此，称奇点 $(0,0)$ 为两向结点（或正常结点），如图 5-8 与图 5-9 所示.

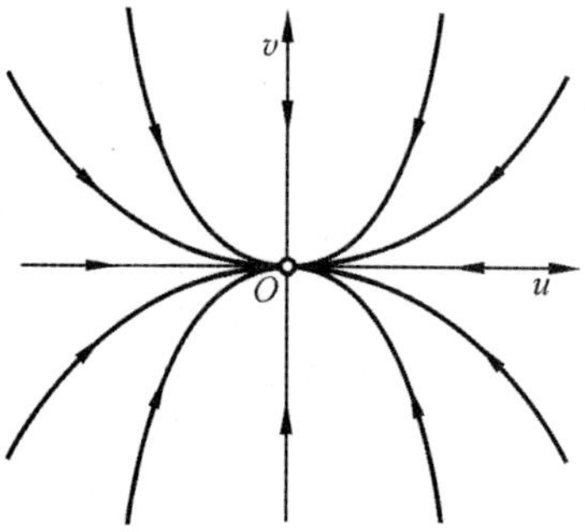

图 5-8 $\mu<\lambda<0$，稳定的两向结点

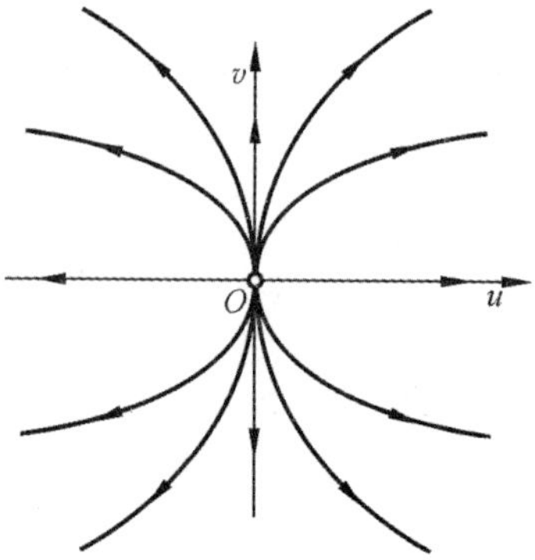

图 5-9 $\lambda>\mu>0$，不稳定的两向结点

③ $\lambda\mu<0$，即矩阵 $\boldsymbol{A}$ 有两个异号的实特征根.

这时式（5.30）所给出的曲线族中除了 u 轴和 v 轴之外，都是一个以它们为渐近线的“双曲线”族，每个双曲线在单一象限的部分都是系统（5.29）的一条轨线.当 $\lambda<0<\mu$ 时，$t\to+\infty$ 时“双曲线”族渐近于 v 轴. 当 $\mu<0<\lambda$ 时，$t\to+\infty$ 时“双曲线”族渐近于 u 轴. 故奇点 $(0,0)$ 是不稳定的. 它的相图貌如鞍形，如图 5-10 与图 5-11 所示，因此称这种奇点 $(0,0)$ 为鞍点.

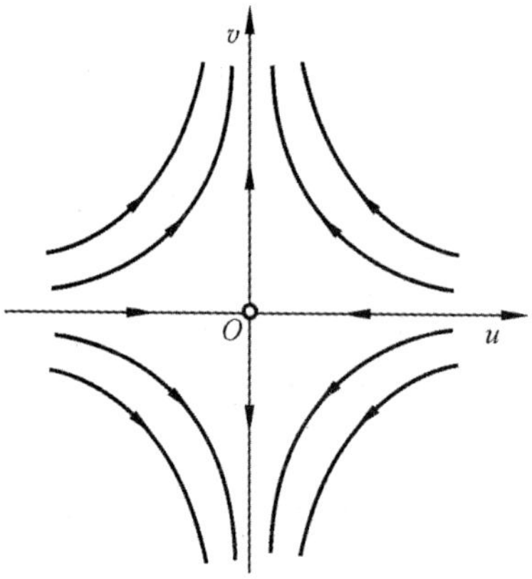

图 5-10 鞍点 $\lambda<0<\mu$

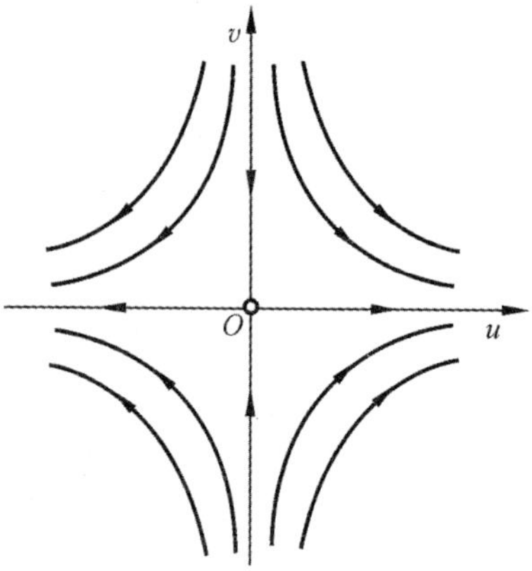

图 5-11 鞍点 $\mu<0<\lambda$

（2）$\boldsymbol{A}=\begin{pmatrix}\lambda & 0\\ 1 & \lambda\end{pmatrix}$，即矩阵 $\boldsymbol{A}$ 有二重实特征根，且相应的约当块是二阶的.

此时系统（5.28）成为

$$\begin{cases}\dfrac{\mathrm{d}u}{\mathrm{d}t}=\lambda u,\\ \dfrac{\mathrm{d}v}{\mathrm{d}t}=u+\lambda v,\end{cases} \tag{5.31}$$

其解为

$$u = u_0 e^{\lambda t}, \quad v = (v_0 + u_0 t) e^{\lambda t}. \tag{5.32}$$

由式（5.32）易知当时间 $t = -\dfrac{v_0}{u_0}$ 时运动 $(u(t), v(t))$ 穿过 u 轴，且当 $u_0 \neq 0$ 而 $t \to \pm\infty$ 时，

$$\frac{u}{v} = \frac{u_0}{(v_0 + u_0 t)} \to 0,$$

故所有轨线都在奇点 $(0,0)$ 与 v 轴相切. 这时称奇点 $(0,0)$ 为单向结点（或退化结点）. 若 $\lambda < 0$，奇点 $(0,0)$ 是渐近稳定的，如图 5-12 所示；若 $\lambda > 0$，则情形相反，奇点 $(0,0)$ 是不稳定的，如图 5-13 所示.

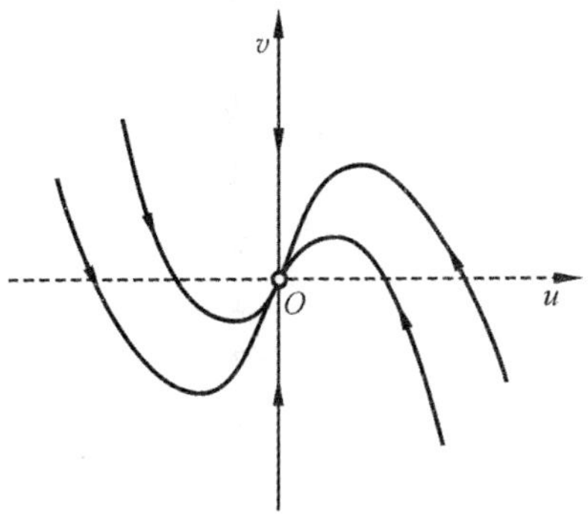

图 5-12　$\lambda < 0$，渐近稳定的单向结点

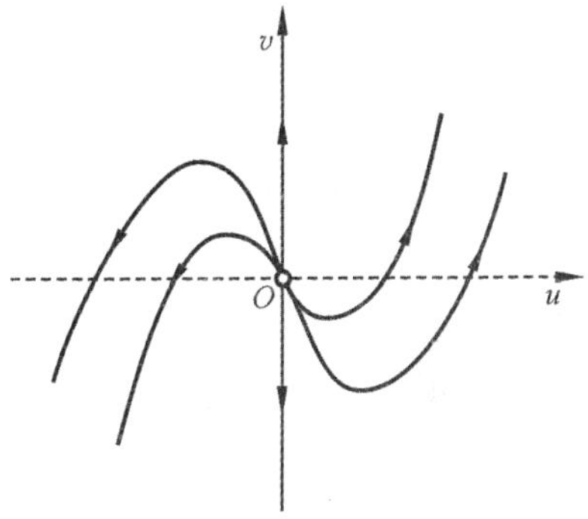

图 5-13　$\lambda > 0$，不稳定的单向结点

（3）$\boldsymbol{A} = \begin{pmatrix} \alpha & \beta \\ -\beta & \alpha \end{pmatrix}$，即矩阵 $\boldsymbol{A}$ 有一对共轭的复特征根.

此时系统（5.28）成为

$$\begin{cases} \dfrac{du}{dt} = \alpha u + \beta v, \\ \dfrac{dv}{dt} = -\beta u + \alpha v, \end{cases} \tag{5.33}$$

取极坐标 $u = r\cos\theta, v = r\sin\theta$，则系统（5.33）化为

$$\begin{cases} \dfrac{dr}{dt} = \alpha r, \\ \dfrac{d\theta}{dt} = -\beta, \end{cases}$$

其解为

$$r = r_0 e^{\alpha t}, \quad \theta = -\beta t + \theta_0, \tag{5.34}$$

其中，r_0, θ_0 为任意常数。在式（5.34）中，$\theta = -\beta t + \theta_0$ 意味着动点随时间变化在进行顺时针（$\beta > 0$）或逆时针（$\beta < 0$）的螺旋运动，而 $r = r_0 e^{\alpha t}$ 就决定了动点的盘旋方式，根据 α 的不

同取值分以下三种情况：当 $\alpha<0$ 时，动点随着 $t\to+\infty$ 螺旋趋近于奇点 $r=0$，称这种奇点为稳定焦点（它是渐近稳定的），如图 5-14 所示；当 $\alpha>0$ 时，动点随着 $t\to+\infty$ 螺旋远离于奇点 $r=0$，称这种奇点为不稳定焦点如图 5-15 所示；当 $\alpha=0$ 时，动点在固定的圆 $r=r_0$ 上做周期运动，此时式（5.34）成为一族同心圆，奇点 $r=0$ 是稳定的，称为中心，如图 5-16 所示.

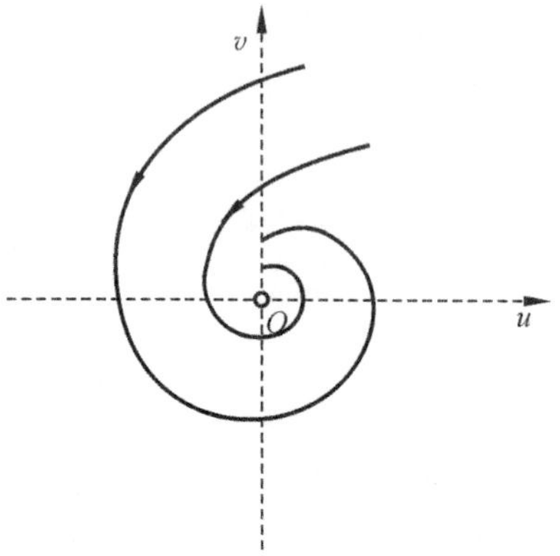

图 5-14　稳定焦点（$\alpha<0,\beta<0$）

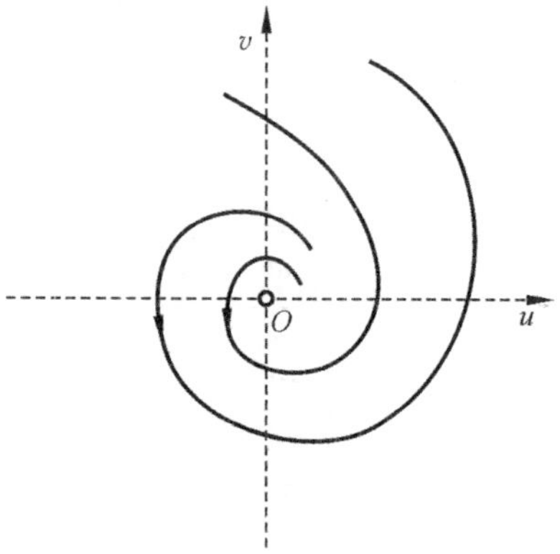

图 5-15　不稳定焦点（$\alpha>0,\beta<0$）

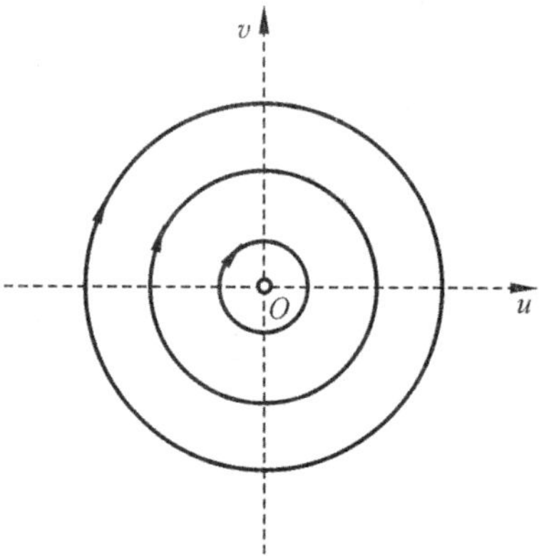

图 5-16　中心（$\alpha=0,\beta>0$）

记

$$T:=\mathrm{tr}(\boldsymbol{A}),\quad D:=\det(\boldsymbol{A}),\quad \varDelta:=T^2-4D,$$

但注意到这些值在相似变换下是不变量.故结合这些不变量的值，总结上面的讨论得到如下结果.

定理 5.6（初等奇点类型的判定）对于系统（5.26），结合这些量的取值，则有

（1）当 $D<0$ 时，$(0,0)$ 为鞍点；

（2）当 $D>0$ 且 $\varDelta>0$ 时，$(0,0)$ 为两向结点；

（3）当 $D>0$ 且 $\varDelta=0$ 时，$(0,0)$ 为单向结点或星形结点；

（4）当 $D>0$ 且 $\varDelta<0$ 时，$(0,0)$ 为焦点；

（5）当 $D>0$ 且 $T=0$ 时，$(0,0)$ 为中心.

此外，在情形（2）~（4）中，奇点的稳定性由 T 的符号决定：当 $T>0$ 时奇点是不稳定的，当 $T<0$ 时奇点是渐近稳定的.

定理 5.6 的结论可由图 5-17 概括.

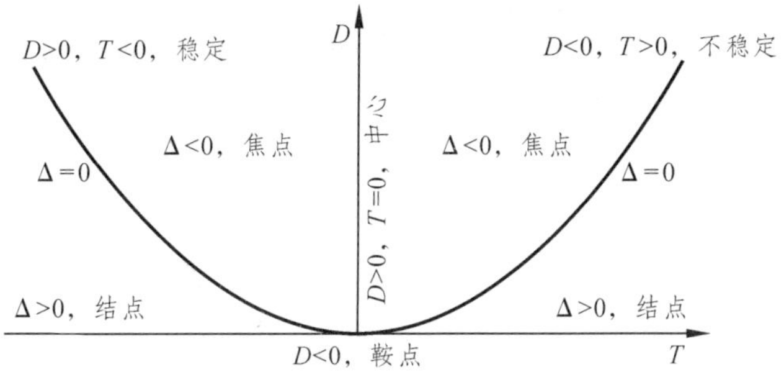

图 5-17　初等奇点类型的判定

现在考虑如何作系统（5.26）的相图，特别是当系数矩阵 $\boldsymbol{A}$ 不一定是约当标准型时的情况. 由前面的讨论，可用线性变换将其化为标准型，并由标准型的相图通过逆变换画出原系统的相图，但这种方法的计算量一般较大.下面给出一个简单而实用的方法：先用定理 5.6 直接判断奇点 $(0,0)$ 的类型及其稳定性，然后应用下述的两个事实，就可以迅速作出相图：

（1）当 $t\to+\infty$（或 $-\infty$）时，有的轨线能沿某一确定的直线 $y=kx$（或 $x=ky$）趋向奇点 $(0,0)$. 把这个直线的走向称为一个特殊方向.显然，星形结点有无穷个特殊方向，两向结点和鞍点有两个特殊方向，单向结点有一个特殊方向（这也是除作图外单向结点与星形结点判定上的区别点），而焦点和中心没有特殊方向；并且当直线 $y=kx$（或 $x=ky$）给出系统（5.26）的一个特殊方向时，此直线被奇点分割的两个射线都是系统的轨线.此外，这些性质还在仿射变换下不变.

（2）线性系统（5.26）在相平面上给出的方向场关于原点 $(0,0)$ 是对称的：如果在点 (x,y) 给出的方向是 $(P(x,y),Q(x,y))$，则在点 $(-x,-y)$ 给出的方向是 $(-P(x,y),-Q(x,y))$.

例 5.6　考虑线性系统

$$\begin{cases}\dfrac{\mathrm{d}x}{\mathrm{d}t}=y,\\ \dfrac{\mathrm{d}y}{\mathrm{d}t}=-2x-3y,\end{cases}$$

其系数矩阵为 $\boldsymbol{A}=\begin{pmatrix}0 & 1\\ -2 & -3\end{pmatrix}$，计算得 $T=\mathrm{tr}(\boldsymbol{A})=-3$，$D=\det(\boldsymbol{A})=2$，$\Delta=1$，根据定理 5.6，该系统的奇点 $(0,0)$ 是两向结点. 下面求特殊方向.注意到特殊方向必是积分曲线，显然 $x=0$ 不是特殊方向. 设特殊方向为 $y=kx$ 所指方向，其中常数 k 待定. 将其代入系统，得

$$k=\frac{\mathrm{d}y}{\mathrm{d}x}=\frac{-2x-3y}{y}=\frac{-2-3k}{k},$$

整理得到 $k^2+3k+2=0$，解得 $k_1=-1,k_2=-2$，故对应的特殊方向为直线 $y=-x$ 与 $y=-2x$.由 x 轴正半轴上的向量场都是垂直向下可知非特殊方向的轨线都沿着 $y=-x$ 进入奇点 $(0,0)$，故可画出相图如图 5-18 所示.

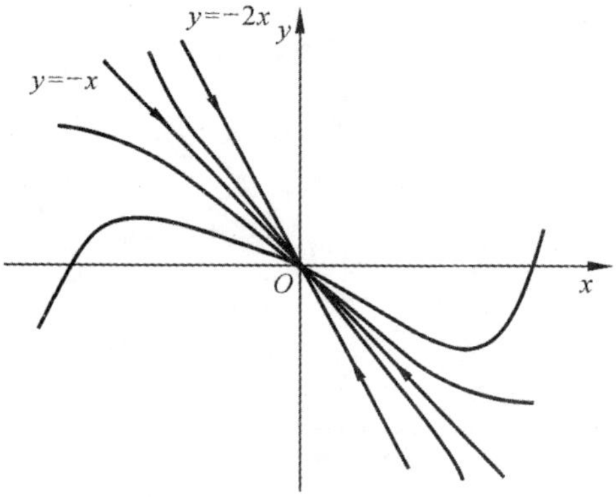

图 5-18　系统相图

习题 5.4

1. 试求下列线性方程的奇点，判断其类型和稳定性，并画出相图.

（1）$\begin{cases}\dfrac{dx}{dt}=-x+y-2,\\ \dfrac{dy}{dt}=-2x-y-1;\end{cases}$　　（2）$\begin{cases}\dfrac{dx}{dt}=-x-y+1,\\ \dfrac{dy}{dt}=x-y-5;\end{cases}$

（3）$\begin{cases}\dfrac{dx}{dt}=5x+3y+8,\\ \dfrac{dy}{dt}=-3x-5y-8.\end{cases}$

2. 试讨论方程

$$\begin{cases}\dfrac{dx}{dt}=ax+by,\\ \dfrac{dy}{dt}=cy,\end{cases}$$

的奇点类型和稳定性，其中 a,b,c 为实常数且 $ac\neq 0$，并画出 a,b,c 在各种不同情况下的相图.

5.5　极限环

对于平面上的动力系统（5.25）

$$\begin{cases}\dfrac{dx}{dt}=X(x,y),\\ \dfrac{dy}{dt}=Y(x,y),\end{cases}$$

若在其闭轨 Γ 的某个(环形)邻域内不再有别的闭轨，即 Γ 为孤立闭轨，则称它为系统(5.25)的极限环. 由此可以证明，极限环 Γ 有一个外侧邻域，使得在这个邻域内出发的所有轨线当 $t\to+\infty$（或 $t\to-\infty$）时都盘旋趋向 Γ. 同样，Γ 有一个类似的内侧邻域.这就说明了极限环一词的含意. 如果极限环 Γ 内外两侧附近的轨线都在 $t\to+\infty$（或 $t\to-\infty$）时盘旋趋于 Γ，则称 Γ 为稳定(或不稳定)极限环，如图 5-19 和图 5-20 所示. 如果一侧附近的轨线当 $t\to+\infty$ 时盘旋趋于 Γ，而在另一侧当 $t\to-\infty$ 时盘旋趋于 Γ，则称 Γ 为半稳定极限环，如图 5-21 所示.

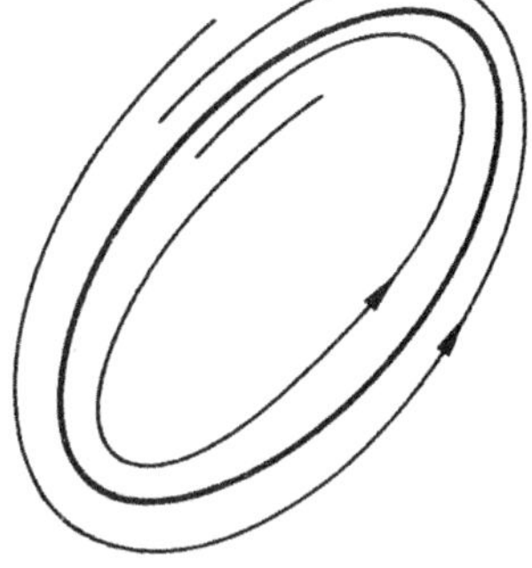

图 5-19　稳定极限环

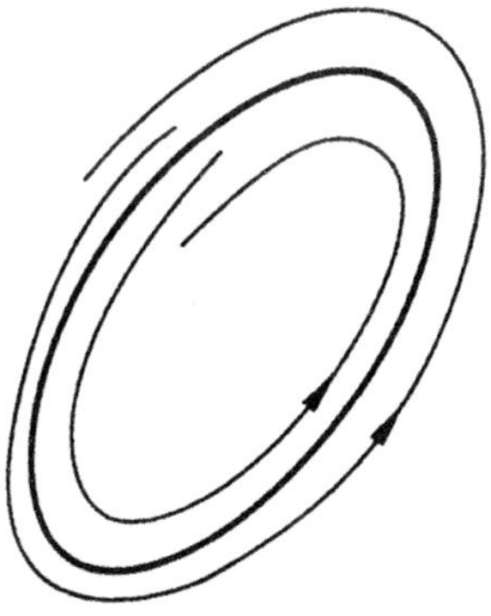

图 5-20　不稳定极限环

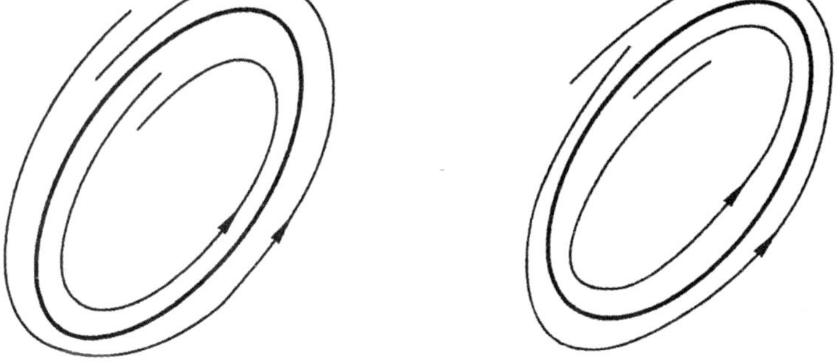

图 5-21　半稳定极限环

注意，这里的稳定已不再是李雅普诺夫意义下的稳定，因为 Γ 上的周期运动与它邻近轨道上的盘旋运动可能不同步，尽管初值点可以取得很靠近，而且它们的轨道也很靠近，但在运动过程中它们的相点仍可能彼此远离. 此时 Γ 是作为它邻近轨道（几何上）的极限状态而出现的，因此把这种稳定性称为轨道稳定性.

稳定的极限环表示了运动的一种稳定的周期态，它在非线性振动问题中有重要的意义. 关于判断极限环存在性的方法，有著名的庞加莱-本迪克松（Poincaré-Bendixson）环域定理.

定理 5.7　设区域 D 是由两条简单闭曲线 L_1 和 L_2 所围成的环域，并且在 $\bar{D}=L_1\cup D\cup L_2$ 上动力系统(5.25)无奇点；从 L_1 和 L_2 上出发的轨线都不能离开(或都不能进入) $\bar{D}$.设 L_1 和 L_2 均不是闭轨线，则系统（5.25）在 D 内至少存在一条闭轨线 Γ，它与 L_1 和 L_2 的相对位置如图 5-22 所示，即 Γ 在 D 内不能收缩到一点.

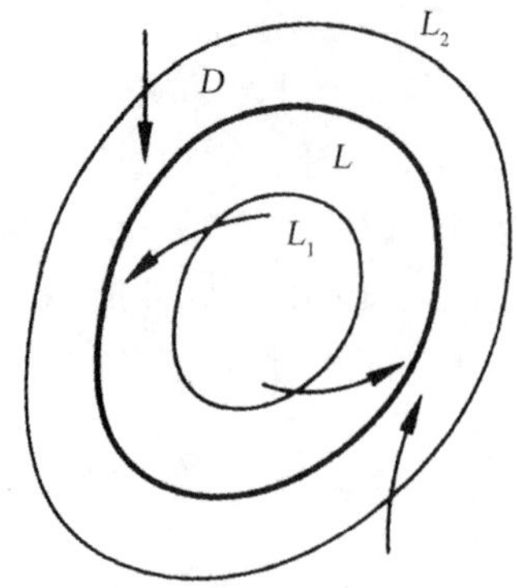

图 5-22 庞加莱-本迪克松环域定理

例 5.7 对平面系统

$$\begin{cases}\dfrac{\mathrm{d}x}{\mathrm{d}t}=x+y-x(x^2+y^2),\\ \dfrac{\mathrm{d}y}{\mathrm{d}t}=-x+y-y(x^2+y^2),\end{cases}$$

如取极坐标 $x=r\cos\theta, y=r\sin\theta$，则方程化为

$$\begin{cases}\dfrac{\mathrm{d}r}{\mathrm{d}t}=r(1-r^2),\\ \dfrac{\mathrm{d}\theta}{\mathrm{d}t}=-1.\end{cases}$$

由上述方程易知 $r=0$ 与 $r=1$ 是两个特解，分别对应的是原点和单位圆构成的闭轨线. 当 $0<r<1$ 时 $\dfrac{\mathrm{d}r}{\mathrm{d}t}>0$，当 $r>1$ 时 $\dfrac{\mathrm{d}r}{\mathrm{d}t}<0$，再结合 $\dfrac{\mathrm{d}\theta}{\mathrm{d}t}=-1$ 可知闭轨线 $r=1$ 附近的轨线都顺时针盘旋趋向于 $r=1$. 因此，$r=1$ 是稳定极限环.

第 6 章

首次积分及其应用

在第 1 章学习了恰当微分方程这类一阶常微分方程的求解方法，而这正是首次积分的雏形以及一维情况. 事实上，求解一个高阶方程的问题等价于寻找它的首次积分，n 阶的微分方程应该有 n 个独立的首次积分；而且一旦能找到其中的 k 个，原来的 n 阶微分方程就可以简化为一个 $n-k$ 阶的方程.对于高维方程组也有同样的结论.上述结果构成了首次积分的理论基础，提供了一种求解微分方程的方法，也可看作是线性微分方程的一般理论在非线性微分方程中的推广.另外，首次积分也被广泛应用于求解一阶偏微分方程.

本章将对首次积分的基本理论进行介绍，并将其应用于求解一阶齐次线性偏微分方程.

6.1 首次积分的定义

在给出首次积分确切的定义之前，给出下面这个例子作为引入.

例 6.1 求解微分方程组

$$\begin{cases} \dfrac{\mathrm{d}x}{\mathrm{d}t} = y - x(x^2 + y^2 - 1), \\ \dfrac{\mathrm{d}y}{\mathrm{d}t} = -x - y(x^2 + y^2 - 1). \end{cases} \tag{6.1}$$

解 由方程（6.1）可得

$$x\frac{\mathrm{d}x}{\mathrm{d}t} + y\frac{\mathrm{d}y}{\mathrm{d}t} = -(x^2 + y^2)(x^2 + y^2 - 1) ,$$

即

$$\mathrm{d}(x^2 + y^2) = -2(x^2 + y^2)(x^2 + y^2 - 1)\mathrm{d}t .$$

这个微分方程关于变量 t 和 x^2+y^2 是可分离的，可求得

$$\frac{x^2+y^2-1}{x^2+y^2}e^{2t}=C_1, \tag{6.2}$$

其中，C_1 是积分常数. 称式（6.2）为微分方程组（6.1）的首次积分. 注意到式（6.2）左端的表达式作为 x,y 和 t 的函数并不是常值函数，只有当 $x=x(t), y=y(t)$ 是微分方程组（6.1）的解时，才有式（6.2）成立. 故这里的积分常数 C_1 是随解而异的. 再利用方程组（6.1）可得

$$y\frac{dx}{dt}-x\frac{dy}{dt}=x^2+y^2,$$

即

$$\frac{d}{dt}\left(\arctan\frac{y}{x}\right)=-1.$$

由此可得另一个首次积分

$$\arctan\frac{y}{x}+t=C_2. \tag{6.3}$$

其中，C_2 是积分常数. 利用首次积分（6.2）和（6.3），可以确定微分方程组（6.1）的通解. 引入极坐标 $x=r\cos\theta, y=r\sin\theta$. 则由式（6.2）和式（6.3）可推得

$$\left(1-\frac{1}{r^2}\right)e^{2t}=C_1,\quad \theta+t=C_2,$$

可解得

$$r=\frac{1}{\sqrt{1-C_1e^{-2t}}},\quad \theta=C_2-t.$$

因此，得到微分方程组（6.1）的通解

$$\begin{cases} x=\dfrac{\cos(C_2-t)}{\sqrt{1-C_1e^{-2t}}}, \\ y=\dfrac{\sin(C_2-t)}{\sqrt{1-C_1e^{-2t}}}. \end{cases} \tag{6.4}$$

当 $C_1=0$ 时，对于任意常数 C_2，式（6.4）代表周期解

$$\begin{cases} x=\cos(C_2-t), \\ y=\sin(C_2-t), \end{cases}$$

它们在相平面 Oxy 上的轨道是单位圆周

$$\Gamma: x^2+y^2=1,$$

其运动方向为顺时针.

当 $C_1 < 0$ 时，解（6.4）不是周期的，它的轨道在 Γ 的内部，而且当 $t \to +\infty$ 时盘旋趋于闭轨 Γ，而当 $t \to -\infty$ 时盘旋趋于原点.注意原点 O 是方程组（6.1）的零解在相平面上的轨迹（对应于 $C_1 = -\infty$）.

当 $C_1 > 0$ 时，解（6.4）也不是周期的，它的轨道在 Γ 的外部，而且当 $t \to +\infty$ 时盘旋趋于闭轨 Γ. 因此闭轨 Γ 为微分方程组（6.1）的极限环（见第 5 章）.

现在我们考虑一般的 n 维微分方程

$$\frac{\mathrm{d}y_i}{\mathrm{d}x} = f_i(x, y_1, \cdots, y_n),\ i = 1, \cdots, n, \tag{6.5}$$

其中，右端函数 $f_1, \cdots, f_n$ 在某个区域 $D \subseteq \mathbb{R}^{n+1}$ 内对 $x, y_1, \cdots, y_n$ 是连续的，而且对 $y_1, \cdots, y_n$ 是连续可微的.

定义 6.1 设函数 $V = V(x, y_1, \cdots, y_n)$ 在 D 的某一子区域 G 内连续，且对 $x, y_1, \cdots, y_n$ 是连续可微的.又设 $V(x, y_1, \cdots, y_n)$ 不是常数，但沿着微分方程组（6.5）在区域 G 内的任一积分曲线（设其存在区间为 J）

$$\Gamma : y_1 = y_1(x), \cdots, y_n = y_n(x), \quad (x \in J)$$

函数 V 取常值，即

$$V(x, y_1(x), \cdots, y_n(x)) = C, \quad (x \in J)$$

或当 $(x, y_1, \cdots, y_n) \in \Gamma$ 时，有

$$V(x, y_1, \cdots, y_n) = C,$$

注意这里的常数 C 随积分曲线 Γ 而定，则称

$$V(x, y_1, \cdots, y_n) = C \tag{6.6}$$

为方程组（6.5）在区域 G 内的首次积分，其中 C 是一个任意常数. 有时也简称函数 $V(x, y_1, \cdots, y_n)$ 为首次积分.

注 6.1 对高阶微分方程，可通过标准方法将其转化为等价的方程组，可同样定义相应的首次积分.

6.2 首次积分的性质与存在性

根据首次积分的定义，为了判别函数 $V(x, y_1, \cdots, y_n)$ 是否是微分方程组（6.5）在区域 G 内的首次积分，必须知道方程组（6.5）在 G 内的所有积分曲线.这在实际应用上是有困难的.下述定理避免这一缺点，提供了一个有效的判别方法.

定理 6.1 设函数 $\Phi(x, y_1, \cdots, y_n)$ 在区域 G 内是连续可微的，而且它不是常数. 则

$$\Phi(x, y_1, \cdots, y_n) = C \tag{6.7}$$

是微分方程组（6.5）在区域 G 内的首次积分的充要条件为

$$\frac{\partial \Phi}{\partial x}+\frac{\partial \Phi}{\partial y_1}f_1+\cdots+\frac{\partial \Phi}{\partial y_n}f_n=0 \tag{6.8}$$

是关于变量 $(x,y_1,\cdots,y_n)\in G$ 的一个恒等式.

证明 必要性：设式（6.7）是微分方程组（6.5）在区域 G 内的一个首次积分. 又设

$$\Gamma: y_1=y_1(x),\ldots,y_n=y_n(x), \quad (x\in J)$$

是微分方程组（6.5）在区域 G 内的任一积分曲线. 则在区间 J 上有恒等式

$$\Phi(x,y_1(x),\cdots,y_n(x))=C\ , \tag{6.9}$$

其中，C 为依赖 Γ 的积分常数. 对式（6.9）求微分，得

$$\frac{\partial \Phi}{\partial x}+\frac{\partial \Phi}{\partial y_1}y_1'(x)+\cdots+\frac{\partial \Phi}{\partial y_n}y_n'(x)=0\ , \tag{6.10}$$

即在 Γ 上有恒等式

$$\frac{\partial \Phi}{\partial x}+\frac{\partial \Phi}{\partial y_1}f_1+\cdots+\frac{\partial \Phi}{\partial y_n}f_n=0 \tag{6.11}$$

成立. 由解的存在唯一性定理，经过区域 G 内的任意一点都有微分方程组（6.5）的一条积分曲线，故（6.11）实际上是区域 G 内的恒等式，即式（6.8）成立.

充分性：假设式（6.8）在区域 G 内成立，则任取区域 G 内一条积分曲线，仍记作 Γ，那么在 Γ 上有恒等式（6.11）成立，或者式（6.10）对 $x\in J$ 成立，从而在区间 J 上有恒等式（6.9）成立，即式（6.7）是微分方程组（6.5）在区域 G 内的一个首次积分. 证毕.

下面证明利用首次积分可以消去某些未知数，从而降低微分方程组的维数.

定理 6.2 若已知微分方程组（6.5）的一个首次积分，则可以将其降低一维.

证明 因首次积分（6.7）

$$\Phi(x,y_1,\cdots,y_n)=C$$

左端的函数 Φ 本身不能为常数，故结合定理 6.1 的等价条件式（6.8）可知其偏导数

$$\frac{\partial \Phi}{\partial y_1},\cdots,\frac{\partial \Phi}{\partial y_n}$$

不能都恒等于零，所以不妨设 $\frac{\partial \Phi}{\partial y_n}\neq 0$. 因此，利用隐函数定理，由首次积分（6.7）解出

$$y_n=g(x,y_1,\cdots,y_{n-1},C)\ , \tag{6.12}$$

且它有偏导数

$$
\begin{cases}
\dfrac{\partial g}{\partial x} = -\dfrac{\partial \Phi}{\partial x}\Big/\dfrac{\partial \Phi}{\partial y_n}, \\
\dfrac{\partial g}{\partial y_i} = -\dfrac{\partial \Phi}{\partial y_i}\Big/\dfrac{\partial \Phi}{\partial y_n}, \quad i = 1, \cdots, n-1.
\end{cases} \tag{6.13}
$$

将式（6.12）代入微分方程组（6.5）的前 $n-1$ 个式子，消去变量 y_n，得到一个 $n-1$ 维（含参数 C 的）微分方程

$$
\frac{\mathrm{d}y_i}{\mathrm{d}x} = f_i(x, y_1, \cdots, y_{n-1}, g(x, y_1, \cdots, y_{n-1}, C)),\ i = 1, \cdots, n-1 . \tag{6.14}
$$

假设它的解为

$$
y_1 = u_1(x; C), \cdots, y_{n-1} = u_{n-1}(x; C) , \tag{6.15}
$$

只须证明函数组

$$
\begin{cases}
y_1 = u_1(x; C), \\
\quad \vdots \\
y_{n-1} = u_{n-1}(x; C), \\
y_n = g(x, u_1(x; C), \cdots, u_{n-1}(x; C), C)
\end{cases} \tag{6.16}
$$

就是微分方程组（6.5）的解，而这就意味着方程（6.5）被降阶为方程（6.14）.

事实上，由于式（6.15）是式（6.14）的解，所以式（6.16）自然满足微分方程组（6.5）的前 $n-1$ 个式子. 需要证明它同样满足组（6.5）的最后一个式子，对式（6.16）最后一个函数关于 x 求导可得

$$
\begin{aligned}
\frac{\mathrm{d}y_n}{\mathrm{d}x} &= \frac{\partial g}{\partial x} + \frac{\partial g}{\partial y_1} u_1'(x; C) + \cdots + \frac{\partial g}{\partial y_{n-1}} u_{n-1}'(x; C) \\
&= \frac{\partial g}{\partial x} + \frac{\partial g}{\partial y_1} f_1(x, y_1, \cdots, y_n) + \cdots + \frac{\partial g}{\partial y_{n-1}} f_{n-1}(x, y_1, \cdots, y_n),
\end{aligned}
$$

结合式（6.13）即有

$$
\frac{\mathrm{d}y_n}{\mathrm{d}x} = -\left(\frac{\partial \Phi}{\partial x} + \frac{\partial \Phi}{\partial y_1} f_1(x, y_1, \cdots, y_n) + \cdots + \frac{\partial \Phi}{\partial y_{n-1}} f_{n-1}(x, y_1, \cdots, y_n) \right) \Big/ \frac{\partial \Phi}{\partial y_n} . \tag{6.17}
$$

但首次积分 Φ 满足

$$
\frac{\partial \Phi}{\partial x} + \frac{\partial \Phi}{\partial y_1} f_1(x, y_1, \cdots, y_n) + \cdots + \frac{\partial \Phi}{\partial y_{n-1}} f_{n-1}(x, y_1, \cdots, y_n) + \frac{\partial \Phi}{\partial y_n} f_n(x, y_1, \cdots, y_n) \equiv 0 ,
$$

将其代入式（6.17）得

$$
\frac{\mathrm{d}y_n}{\mathrm{d}x} = f_n(x, y_1, \cdots, y_n) ,
$$

其中，$y_1, \cdots, y_n$ 由式（6.16）给出. 这就证明了所需的结论. 证毕.

在本节的最后，给出由首次积分得到微分方程通解的结论. 设微分方程组（6.5）有 n 个首次积分

$$\Phi_i(x, y_1, \cdots, y_n) = C_i,\ i = 1, \cdots, n \quad . \tag{6.18}$$

如果在某区域 G 内它们的雅可化行列式

$$\frac{\partial(\Phi_1, \cdots, \Phi_n)}{\partial(y_1, \cdots, y_n)} \neq 0 ,$$

则称它们在区域 G 内为互相独立的.我们不加证明地给出下述定理.

定理 6.3

（1）设已知微分方程组（6.5）在区域 G 内的 n 个互相独立的首次积分（6.18），则可由它们得到微分方程（6.5）在区域 G 内的通解

$$y_1 = \varphi_1(x, C_1, \cdots, C_n), \cdots, y_n = \varphi_n(x, C_1, \cdots, C_n) ,$$

其中，$C_1, \cdots, C_n$ 为 n 个任意常数（在允许的范围内）；而且上述通解表示了微分方程组（6.5）在区域 G 内所有的解.

（2）微分方程组（6.5）在区域 G 内每一点的邻域内都有且仅有 n 个互相独立的首次积分.

（3）微分方程组（6.5）在区域 G 内的任何首次积分

$$V(x, y_1, \cdots, y_n) = C$$

可以用式（6.18）来表达，即

$$V(x, y_1, \cdots, y_n) = h[\Phi_1(x, y_1, \cdots, y_n), \cdots, \Phi_n(x, y_1, \cdots, y_n)] ,$$

其中 h 是某个连续可微的函数.

由上述定理知道了首次积分与微分方程求解的关系.然而求一个微分方程的首次积分并没有固定的办法，可以通过观察、组合的办法求首次积分.另外，若将方程写成对称形式

$$\frac{\mathrm{d}x}{g_0} = \frac{\mathrm{d}y_1}{g_1} = \frac{\mathrm{d}y_2}{g_2} = \cdots = \frac{\mathrm{d}y_n}{g_n} ,$$

并且如果能求得 $n+1$ 个不同时为零的函数 $\mu_0, \mu_1, \cdots, \mu_n$ 使得

（1）$\mu_0 g_0 + \mu_1 g_1 + \cdots + \mu_n g_n = 0$；

（2）$\mu_0 \mathrm{d}x + \mu_1 \mathrm{d}y_1 + \cdots + \mu_n \mathrm{d}y_n = \mathrm{d}\varphi$，

则 $\varphi = c$ 就是方程的一个首次积分.

例 6.2 求解方程组

$$\begin{cases} \dfrac{\mathrm{d}y}{\mathrm{d}x} = \dfrac{2xy}{x^2 - y^2 - z^2}, \\ \dfrac{\mathrm{d}z}{\mathrm{d}x} = \dfrac{2xz}{x^2 - y^2 - z^2}. \end{cases}$$

解 将方程写成对称形式

$$\frac{\mathrm{d}x}{x^2-y^2-z^2}=\frac{\mathrm{d}y}{2xy}=\frac{\mathrm{d}z}{2xz},$$

由后一等式得到方程的一个首次积分 $\frac{y}{z}=c_1$.为得到另一个首次积分，用 x 乘上式第一个分式的分子和分母，用 y 乘第二个分式的分子和分母，用 z 乘第三个分式的分子和分母，然后将分式的分子和分母对应相加，根据比例性质得

$$\frac{x\mathrm{d}x+y\mathrm{d}y+z\mathrm{d}z}{x(x^2+y^2+z^2)}=\frac{\mathrm{d}y}{2xy},$$

由此得到第二个首次积分

$$\frac{x^2+y^2+z^2}{y}=c_2.$$

可以验证上述两个首次积分是相互独立的，因此方程的通解可表为

$$\begin{cases}\frac{y}{z}=c_1,\\ \frac{x^2+y^2+z^2}{y}=c_2.\end{cases}$$

例 6.3 求解方程组

$$\frac{\mathrm{d}x}{xz}=\frac{\mathrm{d}y}{yz}=\frac{\mathrm{d}z}{xy}.$$

解 这里 $g_0=xz, g_1=yz, g_2=xy$,取 $\mu_0=y, \mu_1=x, \mu_2=-2z$ ，就有 $\mu_0 g_0+\mu_1 g_1+\mu_2 g_2=0$ ，而 $\mu_0\mathrm{d}x+\mu_1\mathrm{d}y+\mu_2\mathrm{d}z=\mathrm{d}(xy-z^2)$ ，于是方程有一个首次积分 $xy-z^2=c_1$. 又由方程第一个等式得到另一个首次积分 $\frac{x}{y}=c_2$. 可以验证两个首次积分相互独立，故方程的通解可表为

$$\begin{cases}xy-z^2=c_1,\\ \frac{x}{y}=c_2.\end{cases}$$

6.3 一阶齐次线性偏微分方程

讨论下面的一阶齐次线性偏微分方程

$$\sum_{i=1}^{n}A_i(x_1,\cdots,x_n)\frac{\partial u}{\partial x_i}=0, \tag{6.19}$$

其中 $u=u(x_1,\cdots,x_n)$ 是未知函数（ $n\geqslant 2$ ）. 假定系数函数 $A_1,\cdots,A_n$ 对 $(x_1,\cdots,x_n)\in D$ 是连续可微

的，而且它们不同时为零.对应于偏微分方程（6.19），考虑一个对称形式的常微分方程组

$$\frac{\mathrm{d}x_1}{A_1(x_1,\cdots,x_n)}=\cdots=\frac{\mathrm{d}x_n}{A_n(x_1,\cdots,x_n)}, \tag{6.20}$$

它叫作偏微分方程（6.19）的特征方程. 注意方程（6.20）是一个 $n-1$ 维的常微分方程，所以它有 $n-1$ 个相互独立的首次积分

$$\varphi_i(x_1,\cdots,x_n)=C_i,\ i=1,\cdots,n-1. \tag{6.21}$$

目标是通过求解特征方程（6.20）的首次积分来得到偏微分方程（6.19）的通解.

定理 6.4 设已经得到特征方程（6.20）的 $n-1$ 个相互独立的首次积分（6.21），则一阶齐次线性偏微分方程（6.19）的通解为

$$u=\varPhi[\varphi_1(x_1,\cdots,x_n),\cdots\varphi_{n-1}(x_1,\cdots,x_n)], \tag{6.22}$$

其中，$\varPhi$ 是一个任意的 $n-1$ 元连续可微函数.

证明 设 $\varphi(x_1,\cdots,x_n)=C$ 是方程（6.20）的一个（局部的）首次积分.因为函数 $A_1,\cdots,A_n$ 不同时为零，所以在局部邻域内不妨设 $A_n(x_1,\cdots,x_n)\neq 0$. 由此可得特征方程（6.20）的等价形式

$$\begin{cases}\dfrac{\mathrm{d}x_1}{\mathrm{d}x_n}=\dfrac{A_1(x_1,\cdots,x_n)}{A_n(x_1,\cdots,x_n)},\\ \quad\vdots\\ \dfrac{\mathrm{d}x_{n-1}}{\mathrm{d}x_n}=\dfrac{A_{n-1}(x_1,\cdots,x_n)}{A_n(x_1,\cdots,x_n)}.\end{cases} \tag{6.23}$$

因此，$\varphi(x_1,\cdots,x_n)=C$ 也是（6.23）的一个首次积分. 由定理 6.2，有恒等式

$$\frac{\partial\varphi}{\partial x_n}+\sum_{i=1}^{n-1}\frac{A_i}{A_n}\frac{\partial\varphi}{\partial x_i}=0,$$

即恒等式

$$\sum_{i=1}^{n}A_i(x_1,\cdots,x_n)\frac{\partial\varphi}{\partial x_i}=0. \tag{6.24}$$

这就证明了（非常数）函数 $\varphi(x_1,\cdots,x_n)$ 是方程（6.20）的一个首次积分当且仅当恒等式（6.24）成立，即 $u=\varphi(x_1,\cdots,x_n)$ 为偏微分方程（6.19）的一个（非常数）解. 因为式（6.21）是微分方程（6.20）的 $n-1$ 个相互独立的首次积分，由定理 6.3 可知，对于任意（非常数）$n-1$ 元连续可微函数 $\varPhi$，

$$\varPhi\left[\varphi_1(x_1,\cdots,x_n),\cdots\varphi_{n-1}(x_1,\cdots,x_n)\right]=C$$

就是方程（6.20）的一个首次积分. 因此，相应的函数（6.22）就是偏微分方程（6.19）的解.

反之，设 $u=u(x_1,\cdots,x_n)$ 是偏微分方程（6.19）的一个非常数解，则 $u(x_1,\cdots,x_n)=C$ 是特征方程（6.20）的一个首次积分. 但由定理 6.3 可知，必存在连续可微的函数 $\varPhi_0$ 使得恒等式

$$u(x_1,\cdots,x_n)=\varPhi_0[\varphi_1(x_1,\cdots,x_n),\cdots\varphi_{n-1}(x_1,\cdots,x_n)]$$

成立，即偏微分方程（6.19）的任何非常数解都可以表成式（6.22）的形式.另外，如果允许 Φ 取常数，则式（6.22）显然包括了偏微分方程（6.19）的常数解. 因此式（6.22）表达了偏微分方程（6.19）的通解.这就证明了所需结论. 证毕.

例 6.4 求解偏微分方程

$$(x+y)\frac{\partial z}{\partial x}-(x-y)\frac{\partial z}{\partial y}=0,$$

这里设 $x^2+y^2>0$.

解 写出特征方程

$$\frac{\mathrm{d}x}{x+y}=\frac{-\mathrm{d}y}{x-y},$$

这是一阶的常微分方程，可求得它的一个首次积分

$$\sqrt{x^2+y^2}\,\mathrm{e}^{\arctan\frac{y}{x}}=C.$$

因此，原方程的通解为

$$z=\varphi\left(\sqrt{x^2+y^2}\,\mathrm{e}^{\arctan\frac{y}{x}}\right),$$

其中，φ 是一个任意的连续可微函数.

习题 6.3

求解下列偏微分方程

（1）$x_1\dfrac{\partial y}{\partial x_1}+x_2\dfrac{\partial y}{\partial x_2}+\cdots+x_k\dfrac{\partial y}{\partial x_k}=0,\quad (k\geqslant 2)$；

（2）$(y+z)\dfrac{\partial u}{\partial x}+(z+x)\dfrac{\partial u}{\partial y}+(x+y)\dfrac{\partial u}{\partial z}=0$；

（3）$(z^2-2yz-y^2)\dfrac{\partial u}{\partial x}+(xy+xz)\dfrac{\partial u}{\partial y}+(xy-xz)\dfrac{\partial u}{\partial z}=0$.

参考文献

[1] 王高雄，周之铭，朱思铭，等. 常微分方程[M]. 3 版. 北京：高等教育出版社，2006.
[2] 东北师范大学微分方程教研室. 常微分方程[M]. 2 版. 北京：高等教育出版社，2005.
[3] 韩茂安，周盛凡，邢业朋，等. 常微分方程[M]. 2 版. 北京：高等教育出版社，2018.
[4] 张伟年，杜正东，徐冰. 常微分方程[M]. 2 版. 北京：高等教育出版社，2014.
[5] 张芷芬，丁同仁，黄文灶，等. 微分方程定性理论[M]. 北京：科学出版社，1985.
[6] CHICONE C. Ordinary differential equations with applications[M]. 2 版. New York: Springer，2009.
[7] 朱思铭，常微分方程学习辅导与习题解答[M]. 北京：高等教育出版社，2009.
[8] 伍卓群，李勇. 常微分方程[M]. 北京：高等教育出版社，2004.
[9] 蔡燧林. 常微分方程[M]. 杭州：浙江大学出版社，1988.
[10] HALE J K. Ordinary differential equations[M]. New York: Wiley，1969.
[11] 庄万. 常微分方程习题解[M]. 济南：山东科学技术出版社，2005.
[12] 丁同仁，李承治. 常微分方程教程[M]. 2 版. 北京：高等教育出版社，2004.
[13] 叶彦谦. 常微分方程讲义[M]. 2 版. 北京：人民教育出版社，1982.